高职高专电气电子类系列教材

岗课融通
特色教材

西门子 S7-1200 PLC 项目化教程

田云　史洁　韩瑞宝　主编

化学工业出版社
·北京·

内容简介

本书按照工学结合、项目化教学要求编写，以西门子公司S7-1200 PLC在生产实践中的典型应用为载体，以基于工作过程的项目组织内容，按照项目应用模式编写。将基本概念、理论知识、编程技巧贯穿于项目中，全书项目的设计由易到难，由简单到复杂，由基础到综合，体现了循序渐进的学习规律。

本书强调动手实践，学习者可以通过学习书中的项目，按照任务实施分步操作，从而达到学习目标。每个任务配套操作视频，可以更为直观地显示任务实施过程，有助于学习者快速地掌握PLC基本应用技术。

本书适合作为高职高专电气自动化技术、机电一体化技术、智能控制技术等相关专业教材，也可作为成人教育及企业培训教材，还可作为从事PLC技术相关工程技术人员的自学用书。

图书在版编目（CIP）数据

西门子S7-1200 PLC项目化教程 / 田云，史洁，韩瑞宝主编. — 北京：化学工业出版社，2024.4

ISBN 978-7-122-45045-6

Ⅰ.①西⋯ Ⅱ.①田⋯ ②史⋯ ③韩⋯ Ⅲ.①PLC技术—教材 Ⅳ.①TM571.61

中国国家版本馆CIP数据核字（2024）第032768号

责任编辑：杨 琪 葛瑞祎　　　文字编辑：吴开亮
责任校对：杜杏然　　　　　　　装帧设计：刘丽华

出版发行：化学工业出版社
　　　　（北京市东城区青年湖南街13号　邮政编码100011）
印　　装：三河市延风印装有限公司
787mm×1092mm　1/16　印张16½　字数408千字
2024年6月北京第1版第1次印刷

购书咨询：010-64518888　　　售后服务：010-64518899
网　　址：http://www.cip.com.cn
凡购买本书，如有缺损质量问题，本社销售中心负责调换。

定　　价：49.00元　　　　　　　　　　　版权所有　违者必究

前言

随着生产力和科学技术的不断发展，人们的日常生活和生产活动大量使用自动化控制，不仅节约了人力资源，而且最大限度地提高了生产效率，又进一步推动了生产力快速发展。在自动化和智能制造领域中，西门子 S7-1200 PLC 被广泛使用，市场占有率高。如何高效地学习 S7-1200 PLC 应用技术已成为很多 PLC 学习者迫切需要解决的问题。

本书以基于工作过程的项目组织内容，以西门子 S7-1200 PLC 在生产实践的典型应用为载体，根据课程本身的特点和专业对课程设置及改革的要求，为实现教、学、做一体化的教学模式，以项目导向、任务驱动的方式构建课程内容，将基本概念、理论知识、编程技巧贯穿于项目中，突出技能提升和能力培养。

本书将 PLC 结构原理、指令系统、编程方法、典型方法、典型应用等内容分别融入 8 个具有代表性的项目中，分别为四路抢答器设计、交通信号灯系统设计、PLC 人机交互系统设计、温度采集系统设计、单相电动机控制系统设计、PLC 运动控制系统设计、PLC 以太网通信系统设计、智能传感器系统设计。本书采用核心技术一体化思路，将传感器技术、运动控制技术、人机交互技术、PLC 之间的以太网通信技术整合，提高了 PLC 的综合应用和创新实践能力。

每个项目根据实现目标要求的难易程度划分为多个任务，将学生应知应会的知识融入具体的任务中。每个任务均有详细的知识点讲解和操作步骤，并可通过扫描二维码观看任务实施视频，可直观地了解任务的实施过程。相关知识学习与技能提高贯穿于整个项目之中，真正实现了"知能合一"的学习效果。

本书由黑龙江农业经济职业学院田云、史洁、韩瑞宝主编，贵州机电职业技术学院张宏龙参与编写。具体分工如下：项目1、项目2由史洁编写，项目3、项目4由韩瑞宝编写，项目5由张宏龙编写，项目6～项目8由田云编写。

由于编者水平有限，书中难免存在不足之处，敬请读者批评指正，以便修订时改进。

编者

目录

项目1　四路抢答器设计 / 001

任务 1.1　自锁控制系统设计 ………… 001
【任务目标】 ………………………… 001
【任务描述】 ………………………… 001
【任务资讯】 ………………………… 001
1.1.1　I/O 接口与 PLC 位寻址方式 …… 001
1.1.2　电气接线图 ………………… 002
1.1.3　I/O 分配表 ………………… 002
1.1.4　PLC 控制程序 ……………… 003
【任务实施】 ………………………… 003
【任务评价】 ………………………… 011
【课后练习】 ………………………… 012

任务 1.2　互锁控制系统设计 ………… 013
【任务目标】 ………………………… 013
【任务描述】 ………………………… 013
【任务资讯】 ………………………… 013
1.2.1　程序设计思路 ……………… 013
1.2.2　电气接线图 ………………… 013

1.2.3　I/O 分配表 ………………… 013
1.2.4　PLC 控制程序 ……………… 014
【任务实施】 ………………………… 015
【任务评价】 ………………………… 019
【课后练习】 ………………………… 020

任务 1.3　抢答器控制程序设计 ……… 021
【任务目标】 ………………………… 021
【任务描述】 ………………………… 021
【任务资讯】 ………………………… 021
1.3.1　程序设计思路 ……………… 021
1.3.2　电气接线图 ………………… 021
1.3.3　I/O 分配表 ………………… 022
1.3.4　PLC 控制程序 ……………… 022
【任务实施】 ………………………… 024
【任务评价】 ………………………… 027
【课后练习】 ………………………… 028

项目2　交通信号灯系统设计 / 029

任务 2.1　定时控制系统设计 ………… 029
【任务目标】 ………………………… 029
【任务描述】 ………………………… 029
【任务资讯】 ………………………… 029
2.1.1　西门子 S7-1200 系列 PLC
　　　　定时器 ……………………… 029
2.1.2　电气接线图 ………………… 033
2.1.3　I/O 分配表 ………………… 034
2.1.4　PLC 控制程序 ……………… 034

【任务实施】 ………………………… 035
【任务评价】 ………………………… 037
【课后练习】 ………………………… 038

任务 2.2　计数控制系统设计 ………… 039
【任务目标】 ………………………… 039
【任务描述】 ………………………… 039
【任务资讯】 ………………………… 039
2.2.1　西门子 S7-1200 系列 PLC 基本
　　　　计数器 ……………………… 039

2.2.2	电气接线图 ……………………	042	【任务资讯】…………………………	049
2.2.3	I/O 分配表 ……………………	043	2.3.1 程序设计思路 ……………	049
2.2.4	PLC 控制程序 …………………	043	2.3.2 电气接线图 ………………	049
【任务实施】…………………………		043	2.3.3 I/O 分配表 ………………	050
【任务评价】…………………………		047	2.3.4 PLC 控制程序 ……………	050
【课后练习】…………………………		048	【任务实施】…………………………	053
任务 2.3 时序控制系统设计 ………		049	【任务评价】…………………………	055
【任务目标】…………………………		049	【课后练习】…………………………	056
【任务描述】…………………………		049		

项目 3　PLC 人机交互系统设计 / 057

任务 3.1 PLC 开关量交互系统设计 …	057	3.2.2 人机交互界面设计 ………………	079
【任务目标】…………………………	057	3.2.3 PLC 控制程序 ……………	082
【任务描述】…………………………	057	【任务实施】…………………………	083
【任务资讯】…………………………	057	【任务评价】…………………………	085
3.1.1 MCGS 组态软件简介 ……	057	【课后练习】…………………………	086
3.1.2 人机交互界面设计 ………	062	任务 3.3 简易计算器设计 ……………	087
3.1.3 PLC 控制程序 ……………	069	【任务目标】…………………………	087
【任务实施】…………………………	069	【任务描述】…………………………	087
【任务评价】…………………………	073	【任务资讯】…………………………	087
【课后练习】…………………………	074	3.3.1 PLC 简单运算指令 ………	087
任务 3.2 数值量交互系统设计 ……	075	3.3.2 人机交互界面设计 ………	088
【任务目标】…………………………	075	3.3.3 PLC 控制程序 ……………	088
【任务描述】…………………………	075	【任务实施】…………………………	089
【任务资讯】…………………………	075	【任务评价】…………………………	093
3.2.1 S7-1200 的数据类型 ……	075	【课后练习】…………………………	094

项目 4　温度采集系统设计 / 095

任务 4.1 Pt100 铂热电阻测温系统		【任务评价】…………………………	099
认知 ……………………	095	【课后练习】…………………………	100
【任务目标】…………………………	095	任务 4.2 PLC 模拟量输入组态 ………	101
【任务描述】…………………………	095	【任务目标】…………………………	101
【任务资讯】…………………………	095	【任务描述】…………………………	101
4.1.1 Pt100 铂热电阻 ……………	095	【任务资讯】…………………………	101
4.1.2 电气接线图 ………………	096	4.2.1 模拟量输入（AI）…………	101
【任务实施】…………………………	097	4.2.2 模拟量输入组态 …………	102

4.2.3 PLC 转换程序	102	【任务资讯】	109
【任务实施】	103	4.3.1 系统设计思路	109
【任务评价】	107	4.3.2 电气接线图	110
【课后练习】	108	4.3.3 PLC 控制程序	110
任务 4.3 温度转换程序设计	109	【任务实施】	111
【任务目标】	109	【任务评价】	115
【任务描述】	109	【课后练习】	116

项目 5 单相电动机控制系统设计 / 117

任务 5.1 单相电动机调速器参数设置	117	【任务目标】	133
【任务目标】	117	【任务描述】	133
【任务描述】	117	【任务资讯】	133
【任务资讯】	117	5.3.1 系统设计思路	133
5.1.1 SK200E 调速器	117	5.3.2 人机交互界面设计	133
5.1.2 电气接线图	118	5.3.3 PLC 控制程序	134
5.1.3 参数设置	119	【任务实施】	135
【任务实施】	119	【任务评价】	139
【任务评价】	121	【课后练习】	140
【课后练习】	122	任务 5.4 编码器控制系统设计	141
任务 5.2 PLC 模拟量输出组态	123	【任务目标】	141
【任务目标】	123	【任务描述】	141
【任务描述】	123	【任务资讯】	141
【任务资讯】	123	5.4.1 编码器	141
5.2.1 模拟量输出（AQ）	123	5.4.2 高速计数器	141
5.2.2 直流信号隔离器	124	5.4.3 高速计数器寻址	142
5.2.3 移动指令 MOVE	124	5.4.4 电气接线图	142
5.2.4 模拟量输出组态	125	5.4.5 PLC 高速计数器组态	142
5.2.5 PLC 转换程序	126	5.4.6 PLC 控制程序	144
【任务实施】	126	【任务实施】	145
【任务评价】	131	【任务评价】	149
【课后练习】	132	【课后练习】	150
任务 5.3 单相电动机调速程序设计	133		

项目 6 PLC 运动控制系统设计 / 151

任务 6.1 运动控制系统点动控制	151	【任务描述】	151
【任务目标】	151	【任务资讯】	151

6.1.1	S7-1200 PLC 运动控制原理 ……	151		定位 ………………………………… 163
6.1.2	MC_Power 运动控制指令 ………	152	6.2.4	PLC 控制程序 …………………… 163
6.1.3	MC_MoveJog 在点动模式下移		【任务实施】 …………………………… 164
	动轴 ………………………………	153	【任务评价】 …………………………… 171
6.1.4	电气接线图 ………………………	154	【课后练习】 …………………………… 172
6.1.5	I/O 分配表 ………………………	154	任务 6.3 步进电动机绝对定位控制 … 173
6.1.6	PLC 控制程序 ……………………	155	【任务目标】 …………………………… 173

【任务实施】 …………………………… 155　　【任务描述】 …………………………… 173
【任务评价】 …………………………… 159　　【任务资讯】 …………………………… 173
【课后练习】 …………………………… 160　　6.3.1　MC_MoveAbsolute 轴的绝对
任务 6.2　步进电动机相对定位控制 … 161　　　　　　定位 ……………………………… 173
【任务目标】 …………………………… 161　　6.3.2　MC_Halt 停止轴 ……………… 174
【任务描述】 …………………………… 161　　6.3.3　PLC 控制程序 …………………… 175
【任务资讯】 …………………………… 161　　【任务实施】 …………………………… 176
6.2.1　MC_Reset 复位轴 ……………… 161　　【任务评价】 …………………………… 181
6.2.2　MC_Home 归位轴 ……………… 162　　【课后练习】 …………………………… 182
6.2.3　MC_MoveRelative 轴的相对

项目 7　PLC 以太网通信系统设计 / 183

任务 7.1　Modbus-TCP 通信系统设计 … 183　　7.2.2　开放式用户通信指令 …………… 195
【任务目标】 …………………………… 183　　7.2.3　组态网络 ………………………… 196
【任务描述】 …………………………… 183　　7.2.4　主站通信程序 …………………… 196
【任务资讯】 …………………………… 183　　7.2.5　从站通信程序 …………………… 198
7.1.1　S7-1200 系列 PLC 的 PROFINET　　【任务实施】 …………………………… 198
　　　　通信口 …………………………… 183　　【任务评价】 …………………………… 203
7.1.2　Modbus-TCP 协议 ……………… 185　　【课后练习】 …………………………… 204
7.1.3　Modbus-TCP 通信指令 ………… 186　　任务 7.3　S7 通信系统设计 …………… 205
7.1.4　客户机通信程序 ………………… 187　　【任务目标】 …………………………… 205
7.1.5　服务器通信程序 ………………… 188　　【任务描述】 …………………………… 205
【任务实施】 …………………………… 188　　【任务资讯】 …………………………… 205
【任务评价】 …………………………… 193　　7.3.1　S7 通信介绍 …………………… 205
【课后练习】 …………………………… 194　　7.3.2　PUT/GET 指令 ………………… 205
任务 7.2　开放式用户通信系统设计 … 195　　7.3.3　网络组态 ………………………… 206
【任务目标】 …………………………… 195　　7.3.4　通信程序 ………………………… 209
【任务描述】 …………………………… 195　　【任务实施】 …………………………… 211
【任务资讯】 …………………………… 195　　【任务评价】 …………………………… 213
7.2.1　S7-1200 开放式用户通信 ……… 195　　【课后练习】 …………………………… 214

项目 8　智能传感器系统设计 / 215

任务 8.1　称重传感器系统设计 …………… 215
【任务目标】……………………………… 215
【任务描述】……………………………… 215
【任务资讯】……………………………… 215
8.1.1　称重智能显示控制仪表介绍 …… 215
8.1.2　PTP 串口通信 ………………… 217
8.1.3　RCV_PTP 启用消息接收 ……… 217
8.1.4　控制程序 ……………………… 218
【任务实施】……………………………… 220
【任务评价】……………………………… 223
【课后练习】……………………………… 224
任务 8.2　RFID 系统设计 ………………… 225
【任务目标】……………………………… 225
【任务描述】……………………………… 225
【任务资讯】……………………………… 225
8.2.1　RFID 设备工作原理 …………… 225
8.2.2　Reset_RF300 功能块 …………… 225
8.2.3　Read 块 ………………………… 226

8.2.4　Write 块 ……………………… 227
8.2.5　RFID 传感器组态 ……………… 227
8.2.6　RFID 读写程序 ………………… 230
【任务实施】……………………………… 231
【任务评价】……………………………… 237
【课后练习】……………………………… 238
任务 8.3　2D 相机视觉识别设计 ………… 239
【任务目标】……………………………… 239
【任务描述】……………………………… 239
【任务资讯】……………………………… 239
8.3.1　康耐视 is2000 相机的认知 …… 239
8.3.2　康耐视相机组态 ……………… 241
8.3.3　通信数据说明 ………………… 249
8.3.4　相机控制程序 ………………… 249
【任务实施】……………………………… 250
【任务评价】……………………………… 253
【课后练习】……………………………… 254

参考文献 / 255

项目 1

四路抢答器设计

抢答器的控制核心部件主要有数字电路、单片机和可编程控制器（PLC）。PLC 的特点是结构简单、编程容易，只需要改变程序即可改变控制要求。本项目由三个任务组成，最终实现四路抢答器的抢答功能。

任务 1.1 自锁控制系统设计

自锁控制系统也称为启保停控制系统，即设备启动—保持—停止的控制逻辑，多应用于设备（控制对象）启动、停止控制。

【任务目标】

① 掌握 PLC 常开、常闭触点的表示方法及用法；
② 掌握 PLC 输出线圈的表示方法及用法；
③ 理解 PLC 外围电路接线方法；
④ 会设计自锁控制梯形图程序；
⑤ 激发学习兴趣，鼓励热爱制造业。

自锁控制系统设计

【任务描述】

使西门子 S7-1200 的 I0.0 和 I0.1 接口分别连接两个常开按钮 SB1 和 SB2，在 Q0.0 接口连接一个 24V 指示灯。按下 I0.0 接口的 SB1 按钮，Q0.0 指示灯点亮，按下 I0.1 接口的 SB2 按钮，Q0.0 指示灯熄灭。

【任务资讯】

1.1.1 I/O 接口与 PLC 位寻址方式

西门子 S7-1200 PLC 一般采用梯形图作为编程语言，梯形图类似于继电器-接触器控制电路，主要由常开触点、常闭触点、线圈组成。在梯形图中，常开触点用—| |—符号表示，常闭触点用—|/|—符号表示，线圈用—( )—符号表示。

在西门子 S7-1200 系列 PLC 的 CPU 中可以按位、字节、字、双字对存储单元进行寻址。二进制数的 1 位（bit）只有 0 和 1 两种不同的取值，可用来表示数字量（或称开关量）的两种不同状态，如触点的断开和接通、线圈的通电和断电等。

PLC 位寻址表达方法如图 1.1 所示。PLC 的每个 I/O 接口分别对应 PLC 内部的 I/Q 寻址区。例如 PLC 的输入接口 I0.0 对应 PLC 内部输入映像区 I 的字节地址为 0 的第 0 位存储区；PLC 的输出接口 Q1.0 对应 PLC 内部输出映像区 Q 的字节地址为 1 的第 0 位存储区。

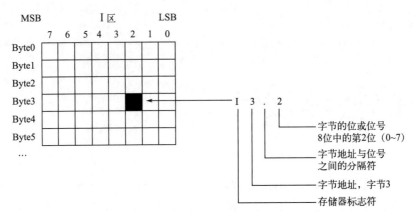

图 1.1　PLC 位寻址表达方法

当按下 PLC 外部 I0.0 接口上的按钮时，PLC 内部 I 映像区 I0.0 这个位的值为 1，所对应的梯形图程序中的常开触点闭合、常闭触点断开。当 PLC 梯形图程序驱动 Q0.0 这个位的值为 1 时，PLC 外部 Q0.0 接口所连接的设备将接通，否则断开。

每个输入映像区的位可对应无数个常开或常闭触点，每个输出映像区的位也可对应无数个常开或常闭触点，但只能对应一个线圈。输入映像区（I 区）数值只能由外部输入接口赋值，输出映像区（Q 区）只能由程序进行赋值。

1.1.2　电气接线图

PLC 采用西门子 S7-1200 系列，CPU 型号为 1215C DC/DC/DC。根据任务要求，设计的自锁控制系统电气接线图如图 1.2 所示。

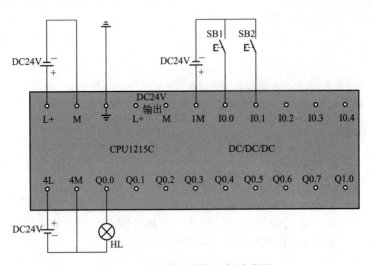

图 1.2　自锁控制系统电气接线图

1.1.3　I/O 分配表

根据自锁控制系统电气接线图制作 I/O 分配表，如表 1.1 所示。

表 1.1　I/O 分配表

输入端	功能说明	备注	输出端	功能说明	备注
I0.0	启动	SB1	Q0.0	指示灯	HL
I0.1	停止	SB2			

1.1.4　PLC 控制程序

(1) 基本控制程序

基本控制程序如图 1.3 所示。

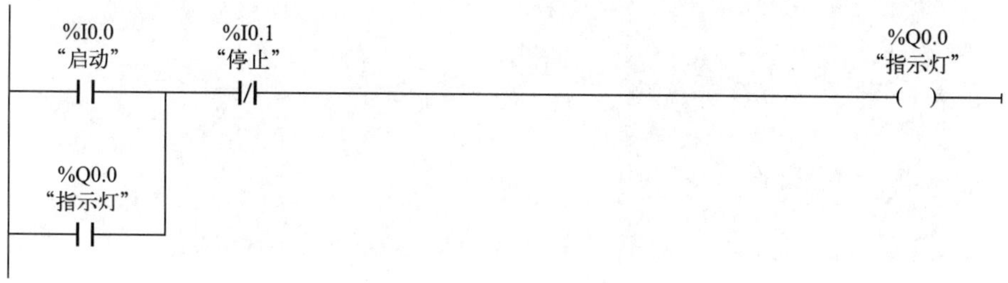

图 1.3　基本控制程序

当按下 PLC 的 I0.0 输入接口连接的外部按钮时，PLC 内部的 I0.0 输入继电器闭合，Q0.0 线圈吸合，Q0.0 输出接口连接的指示灯点亮，同时梯形图 Q0.0 常开触点闭合，形成自锁，即使断开 I0.0，在 Q0.0 常开触点闭合的作用下，Q0.0 线圈仍然会保持吸合的状态。当按下 I0.1 时，Q0.0 线圈断开，指示灯熄灭。

(2) 置位和复位指令

PLC 置位和复位指令也可用于实现自锁控制，程序如图 1.4 所示。

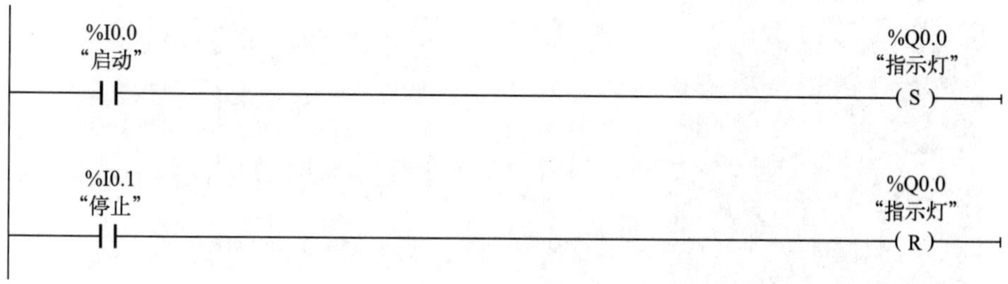

图 1.4　置位和复位指令实现自锁控制

当按下 I0.0 按钮时，执行置位 Q0.0，相当于在 Q0.0 输出映像区存储 1，即使断开 I0.0，Q0.0 输入映像区存放的"1"也是一直存在的，故 Q0.0 一直接通。直到按下 I0.1 按钮，执行 Q0.0 线圈的复位操作，将 Q0.0 输出映像区变为 0，Q0.0 线圈断电。

【任务实施】

第一步：新建一个"自锁控制系统"文件夹，用于保存创建的 PLC 工程。打开博途软件，在启动页面单击"创建新项目"选项，输入"项目名称"为"自锁控制"，保存的"路径"选择新建的自锁控制系统文件夹，单击"创建"按钮，如图 1.5 所示。

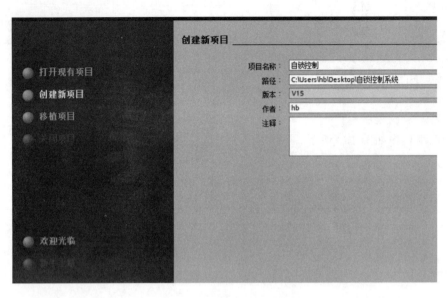

图 1.5　创建 PLC 项目

第二步：博途软件会自动创建一个 PLC 工程。创建好工程之后，页面如图 1.6 所示。

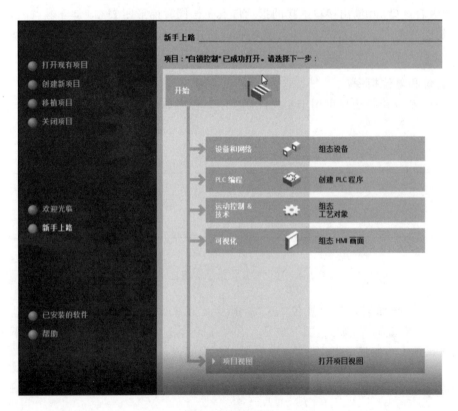

图 1.6　选择项目

图 1.6 中,"组态设备"用于添加 PLC 的硬件设备。"组态工艺对象"用于运动控制,包括 RFID、PID 控制。"组态 HMI 画面"用于组态人机界面。

第三步:组态 PLC 设备,即选择 PLC 的硬件。选择"添加新设备"选项,选择 PLC 的类型为 S7-1200,选择 CPU 的类型为 1215C DC/DC/DC。单击"添加"按钮,如图 1.7 所示。

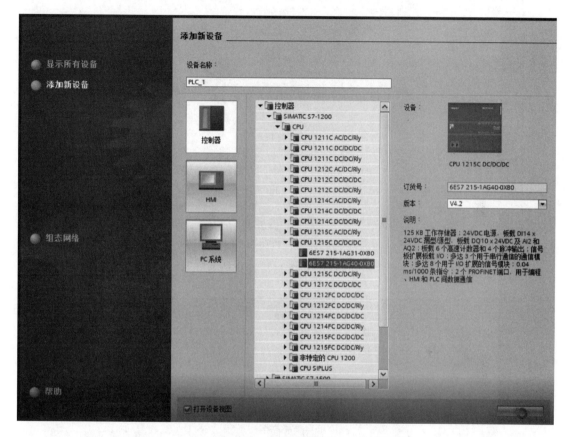

图 1.7 选择 PLC 类型

第四步:设置 PLC 参数,如图 1.8 所示。双击 PLC 图标,设置"以太网地址",添加以太网地址,这个地址用于建立 PLC 与上位机的连接,下载程序和设备通信。设置的 IP 地址是"192.168.0.13"。在设定 IP 地址时,要与上位机的 IP 地址处于同一个网段。

第五步:启用系统和时钟存储器勾选"启用系统存储器字节"和"启用时钟存储器字节"复选框,如图 1.9 所示。

第六步:设置"访问级别"参数中的"连接机制"。在"连接机制"中,勾选"允许来自远程对象的 PUT/GET 通信访问"复选框,如图 1.10 所示。

第七步:编程。单击"项目树"→"程序块"左侧的小箭头▼,在 Main 程序块中输入相应的例程,如图 1.11 所示。

第八步:系统会为每一个输入和输出的触点分配一个相应的变量名,如图 1.12 所示,默认为 Tag-1、Tag-2、Tag-3 等。为了显示方便和增加程序的可读性,可以将自动分配的变量名命名为常用或符合实际的变量名。使用鼠标右键单击 Tag-1,在打开的快捷菜单中选择

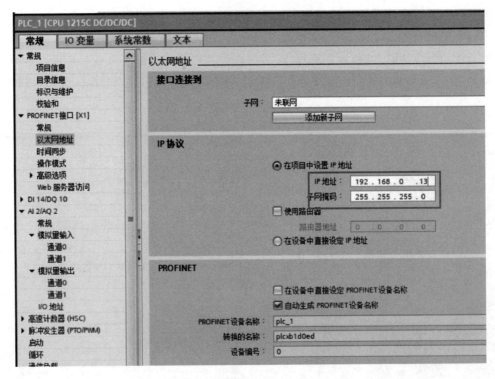

图 1.8 设置 PLC IP 地址

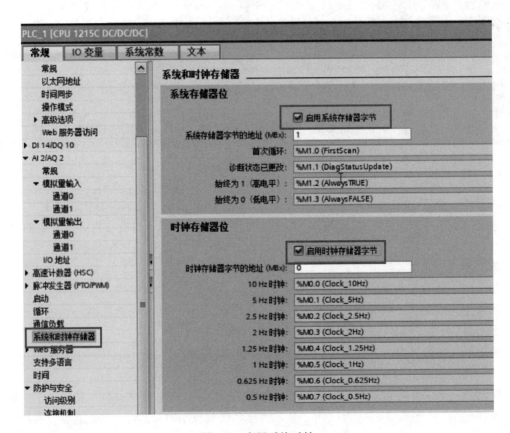

图 1.9 启用系统时钟

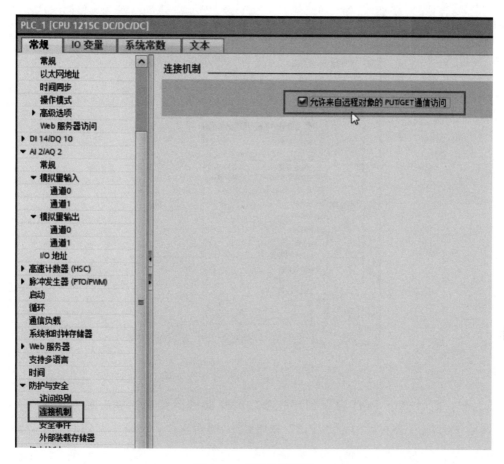

图 1.10 设置连接机制

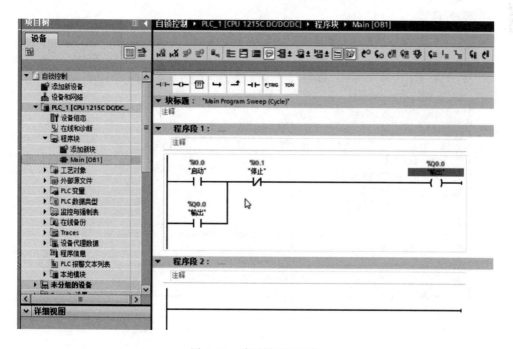

图 1.11 编写梯形图程序

"重命名变量"选项。输入新变量名进行更改，其他触点采用同样的方式命名。

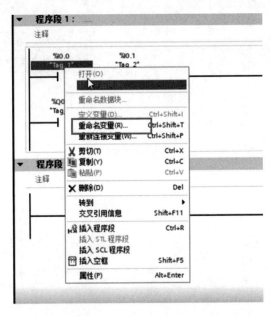

图 1.12　更改变量名称

第九步：此时整个 PLC 程序创建完毕，编译梯形图程序。单击上方 PLC-1［CPU 1215C DC/DC/DC］图标，单击"编译"按钮 ，博途软件会对编写的 PLC 程序自动进行编译。

编译完成后会出现相应的提示，如图 1.13 所示。其中，警告一般可以忽略。如果有错误，一定要改正。

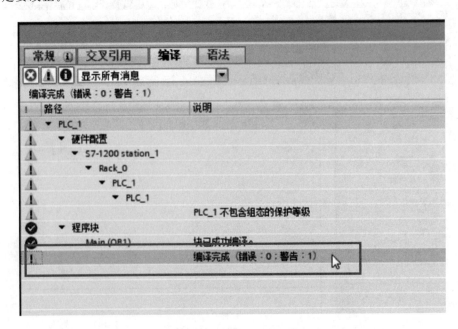

图 1.13　编译 PLC 程序

第十步：编译完成之后，选择下载 PLC 程序所需的设备，如图 1.14 所示，单击"下载到设备"图标，弹出"扩展的下载到设备"对话框，选择"显示地址相同的设备"选项，单击"开始搜索"按钮。

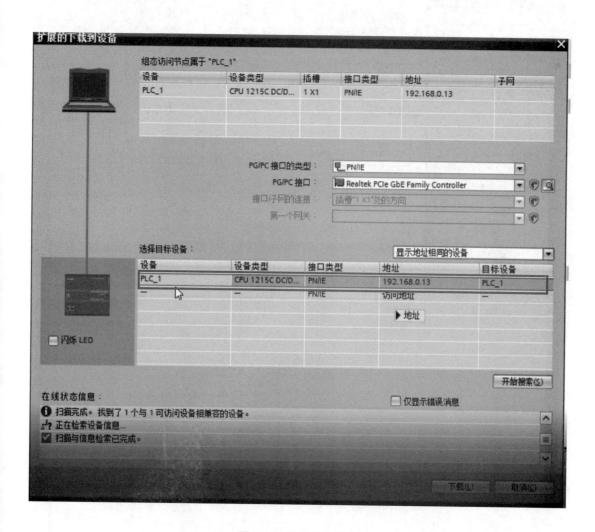

图 1.14 选择目标设备

第十一步：单击"下载"按钮，将编写好的 PLC 程序下载到 PLC 硬件中，如图 1.15 所示。单击"转至在线"按钮，可在线实时观测 PLC 的输入、输出状态，单击"启动或禁用监视"按钮。

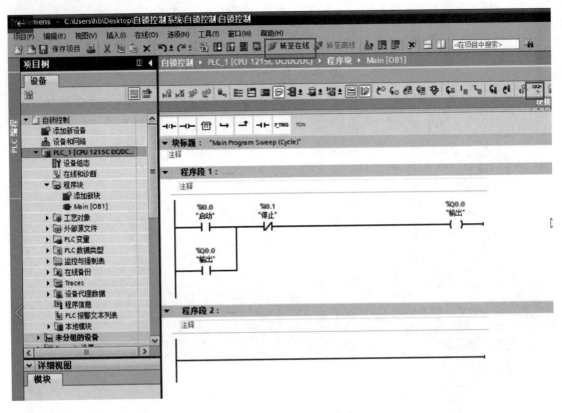

图 1.15 在线监视 PLC 状态

学习笔记

【任务评价】

班级：_____ 姓名：_____ 学号：_____ 时间：_____

序号	评价内容	评价要点	分值	得分
1	PLC 硬件接线	能正确连接按钮与 PLC 输入点	10	
2		能正确连接指示灯与 PLC 输出点	10	
3		能正确连接 PLC 电源	5	
4		能正确连接 PLC 下载线	5	
5	PLC 程序编写	能创建 PLC 工程	10	
6		能正确选择 PLC 型号	10	
7		能正确设置 PLC 地址	10	
8		能正确编写梯形图程序	10	
9		能修改 PLC 变量名称	10	
10	调试运行	能下载 PLC 程序	10	
11		能实现自锁控制	10	
		合计得分		

教师点评

【课后练习】

班级：_____ 姓名：_____ 学号：_____ 时间：_____

练习题目	三个按钮，分别是 SB1、SB2、SB3。一个指示灯 HL1。要求实现以下逻辑功能：当同时按下 SB1 和 SB2 两个按钮时，指示灯 HL1 点亮；按下 SB3 按钮时，指示灯熄灭
I/O 接线图	
梯形图程序	

任务 1.2 互锁控制系统设计

互锁控制用于解决两个或两个以上的输出之间不能同时运行的情况。利用上一段程序运行后的输出信号,作为其他程序运行的联锁触点,称为互锁。互锁的各方在实际运用时,要按照控制要求进行运行状态的转换,例如电动机正反转控制、Y-△降压启动控制等。

【任务目标】

① 掌握 PLC 程序互锁控制方法;
② 掌握 PLC 输出线圈的表示方法及用法;
③ 掌握 PLC 的 I/O 接口使用方法;
④ 会设计互锁控制梯形图程序;
⑤ 培养良好的职业道德修养,能遵守职业道德规范。

【任务描述】

在西门子 S7-1200 的 I0.0、I0.1、I0.2 接口分别连接三个常开按钮 SB1、SB2 和 SB3,在 Q0.0 和 Q0.1 接口分别连接一个 24V 指示灯 HL1 和 HL2。按下 I0.0 接口的 SB1 按钮,Q0.0 指示灯点亮;按下 I0.1 接口的 SB2 按钮,Q0.1 指示灯点亮;按下 I0.2 接口的 SB3 按钮,指示灯熄灭。要求 HL1 指示灯和 HL2 指示灯不能同时点亮,即如果 Q0.0 接口对应的指示灯 HL1 点亮,则不能点亮 Q0.1 接口对应的指示灯 HL2。反之亦然,实现互锁。

互锁控制系统设计

【任务资讯】

1.2.1 程序设计思路

在编写互锁程序时,首先应满足程序的基本要求,即能够实现按下相应的按钮点亮对应的指示灯。然后在程序中增加或减少相应的触点实现互锁功能。

先利用本项目中任务 1.1 所介绍的自锁控制程序设计两个启保停程序,然后将对方的输出线圈的常闭触点串联至自身的控制程序中。

1.2.2 电气接线图

PLC 采用西门子 S7-1200 系列,CPU 型号为 1215C DC/DC/DC。根据任务要求,设计自锁控制系统电气接线图如图 1.16 所示。

1.2.3 I/O 分配表

根据自锁控制系统电气接线图制作 I/O 分配表,如表 1.2 所示。

表 1.2 I/O 分配表

输入端	功能说明	备注	输出端	功能说明	备注
I0.0	指示灯 1 启动按钮	SB1	Q0.0	指示灯	HL1
I0.1	指示灯 2 启动按钮	SB2	Q0.1	指示灯	HL2
I0.2	停止按钮	SB3			

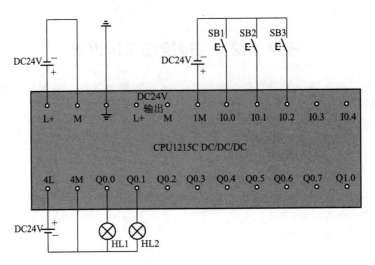

图 1.16 自锁控制系统电气接线图

1.2.4 PLC 控制程序

(1) 基本的互锁控制程序

基本的互锁控制梯形图如图 1.17 所示。

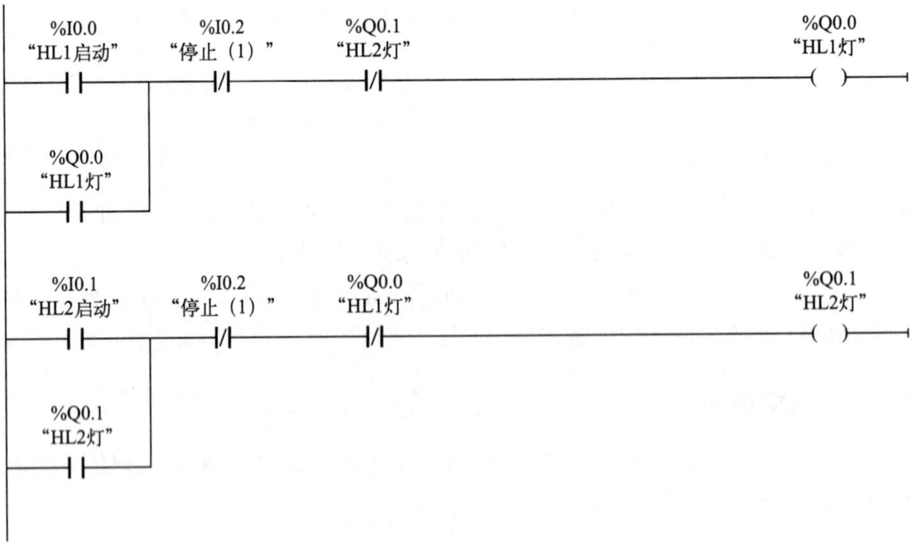

图 1.17 基本的互锁控制梯形图

对于 Q0.0 线圈支路：当按下 I0.0 接口的 SB1 按钮时，Q0.0 线圈接通，Q0.0 的常开触点闭合，形成 Q0.0 自锁，Q0.0 线圈一直保持在接通状态，Q0.0 的常闭触点断开，与 Q0.1 形成互锁。当需要启动 Q0.1 线圈时，应先按下 I0.2 接口的 SB3 按钮，断开 Q0.0 线圈，Q0.0 常闭触点恢复闭合状态，方可启动 Q0.1。对于 Q0.1 线圈支路，也是同样原理。

(2) 带有联锁控制的互锁程序

带有联锁控制的互锁梯形图如图 1.18 所示。

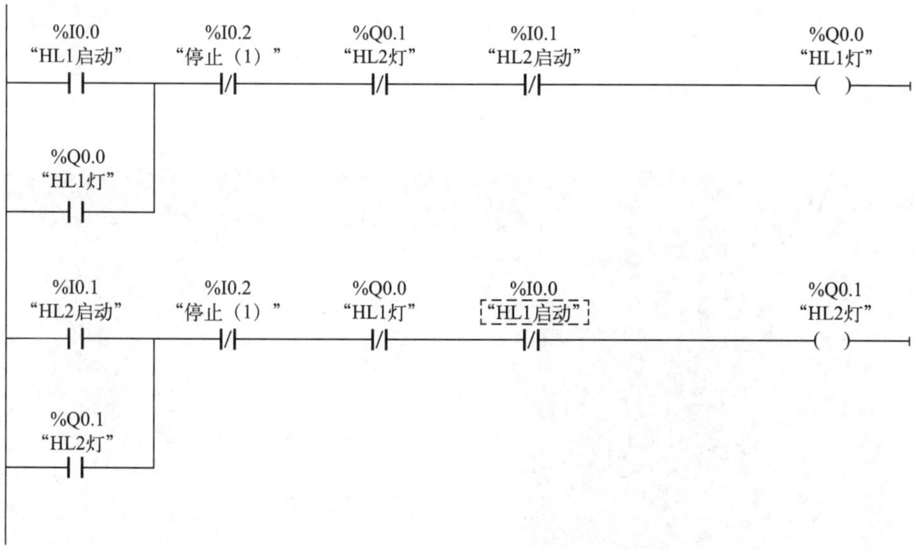

```
    %I0.0        %I0.2        %Q0.1        %I0.1                      %Q0.0
   "HL1启动"    "停止(1)"     "HL2灯"     "HL2启动"                  "HL1灯"
─────┤├──────────┤/├──────────┤/├──────────┤/├──────────────────────( )─────
     │
     │  %Q0.0
     │  "HL1灯"
     ├───┤├──────
     │


    %I0.1        %I0.2        %Q0.0        %I0.0                      %Q0.1
   "HL2启动"    "停止(1)"     "HL1灯"    ["HL1启动"]                 "HL2灯"
─────┤├──────────┤/├──────────┤/├──────────┤/├──────────────────────( )─────
     │
     │  %Q0.1
     │  "HL2灯"
     ├───┤├──────
```

图 1.18　带有联锁控制的互锁梯形图

在基本的互锁控制程序中，当 Q0.0 线圈闭合时，必须先按下停止按钮 I0.2，断开 Q0.0 线圈，方可接通 Q0.1 线圈。带有联锁控制的互锁程序就能解决这一问题：在线圈相互切换的过程中，不需要先停止一个线圈，直接按下相应线圈的启动按钮，就可以完成切换。

【任务实施】

第一步：新建一个文件夹，用于保存 PLC 工程，如图 1.19 所示。打开博途软件，单击"创建新项目"选项。"项目名称"设置为"互锁控制系统"。保存的文件"路径"选择刚才新建立的文件路径，单击"创建"按钮。

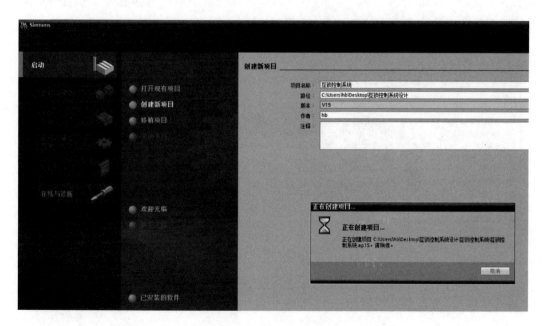

图 1.19　创建 PLC 项目

第二步：博途软件会自动创建一个 PLC 项目。创建完毕之后，选择组态设备，用于添加一个 PLC 的硬件设备。选择 PLC 的类型为 S7-1200、CPU 类型为 1215C DC/DC/DC，如图 1.20 所示。

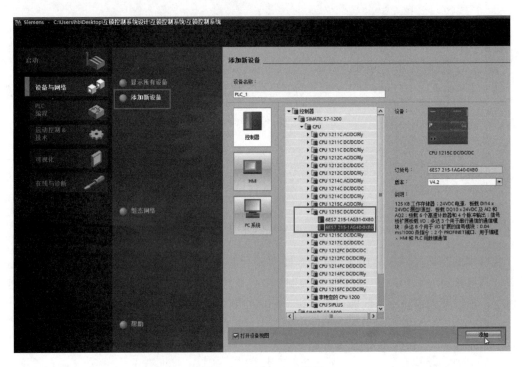

图 1.20 选择 PLC 类型

第三步：双击设备视图当中的 PLC，设置 PLC 参数。"以太网地址"选择"192.168.0.1"，如图 1.21 所示。启用系统和时钟存储器。在"连接机制"属性中，勾选"允许来自远程对象的 PUT/GET 通信访问"复选框。

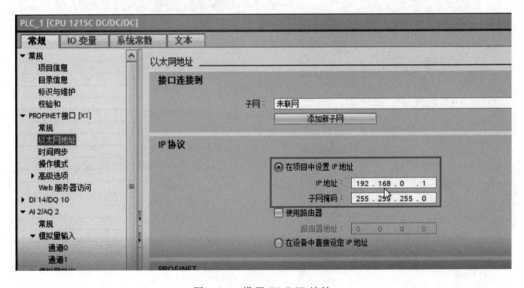

图 1.21 设置 PLC IP 地址

第四步：编写 PLC 程序，在程序块中，双击打开 Main 程序块，添加相应的互锁控制系统程序。

第五步：添加第一个指示灯的启停保程序。首先，添加 1 个常开触点 I0.0 和 1 个线圈 Q0.0，指示灯 1 连接到 Q0.0 上，对应的自锁触点就是 Q0.0。然后，添加常闭按钮 I0.2，即停止按钮。这样的一段程序可以实现第一个指示灯的启动、停止和保持功能，如图 1.22 所示。

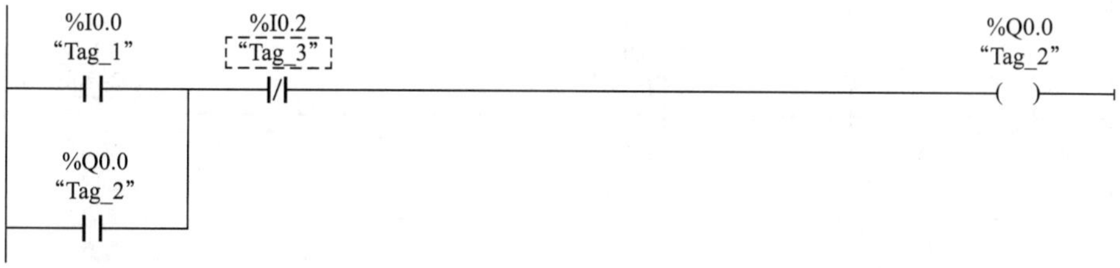

```
    %I0.0      %I0.2                              %Q0.0
   "Tag_1"    "Tag_3"                            "Tag_2"
  ───┤ ├──────┤/├──────────────────────────────────( )───
     │
    %Q0.0
   "Tag_2"
  ───┤ ├──
```

图 1.22　第一个指示灯启动、停止、保持程序梯形图

第六步：添加第二个指示灯的启停保程序。首先，在主母线上单击打开分支，添加常开按钮，添加线圈。然后再打开一个分支，添加一个常开按钮，与启动按钮进行并联，在主干路上添加一个常闭按钮，用于停止。为每一个触点分配相应的 I/O 地址。第二个指示灯的 I/O 地址中，启动按钮是 I0.1，输出是 Q0.1，停止按钮是 I0.2，保持按钮是 Q0.1。这样的一段程序可以实现两个指示灯都能启动、保持和停止，这是它的一个基本功能，如图 1.23 所示。

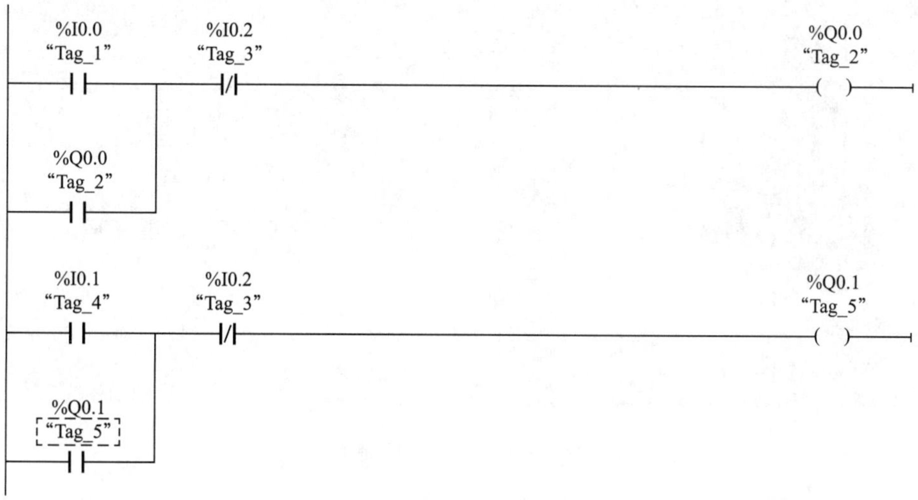

```
    %I0.0      %I0.2                              %Q0.0
   "Tag_1"    "Tag_3"                            "Tag_2"
  ───┤ ├──────┤/├──────────────────────────────────( )───
     │
    %Q0.0
   "Tag_2"
  ───┤ ├──

    %I0.1      %I0.2                              %Q0.1
   "Tag_4"    "Tag_3"                            "Tag_5"
  ───┤ ├──────┤/├──────────────────────────────────( )───
     │
    %Q0.1
   "Tag_5"
  ───┤ ├──
```

图 1.23　第一个指示灯和第二个指示灯启动、保持、停止程序梯形图

第七步：设计互锁功能。互锁就是在对方的程序干路上串联自身的输出线圈的常闭触点。例如，要想实现 Q0.0 与 Q0.1 互锁，需在 Q0.0 的干路上，串联一个 Q0.1 常闭触点。或在 Q0.1 的干路上，串联 Q0.0 常闭触点。我们可以通过更改变量名的方式，为每一个触点重新命名，如图 1.24 所示。

第八步：编译程序，验证程序能否正常运行。首先，编译包括整个系统的硬件组态和软件程序，然后，单击"下载到设备"图标，弹出"扩展的下载到设备"对话框，选择"显示地址相同的设备"选项，单击"开始搜索"按钮，软件会自动链接 192.168.0.1 这个地址对应的 PLC，单击"下载"按钮，如图 1.25 所示。

```
  %I0.0       %I0.2       %Q0.1                                         %Q0.0
 "HL1启动"    "停止"    "HL2指示灯"                                  "HL1指示灯"
───┤ ├────┬───┤/├────────┤/├──────────────────────────────────────────( )───
           │
   %Q0.0   │
 "HL1指示灯"│
───┤ ├────┘


  %I0.1       %I0.2       %Q0.0                                         %Q0.1
 "HL2启动"    "停止"    "HL1指示灯"                                  "HL2指示灯"
───┤ ├────┬───┤/├────────┤/├──────────────────────────────────────────( )───
           │
   %Q0.1   │
 "HL2指示灯"│
───┤ ├────┘
```

图 1.24　第一个、第二个指示灯启动互锁停止程序梯形图

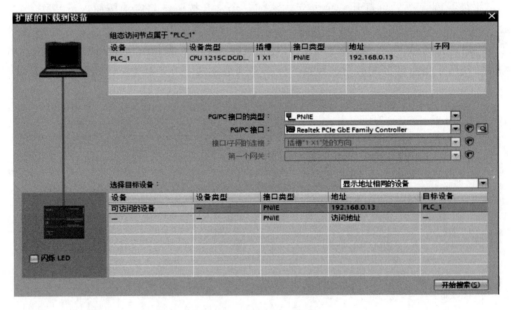

图 1.25　下载 PLC 程序

第九步：在线实时观测 PLC 的输入、输出状态。转至在线监控状态，单击"转至在线"按钮，当左侧所有的指示灯都变绿，证明设备可以正常进行连接，单击"启动监视"按钮，程序进入监视状态。首先，按下 I0.0 按钮，Q0.0 接通。按下 I0.1 按钮，虽然 I0.1 已经接通，但是 Q0.1 没有接通，这是因为 Q0.1 接通的时候，使互锁触点处于一种断开的状态。即使 I0.1 接通，由于 Q0.0 这个触点是断开的，所以 Q0.1 也不会接通。如果想接通 Q0.1，那么需要先停止 Q0.0。单击停止按钮，Q0.0 断开。这个时候再按下 I0.1 的按钮，在 Q0.1 接通的时候，按下 I0.0 按钮，会发现 Q0.0 并没有接通。因为在接通 Q0.1 的时候，是将 Q0.0 的互锁触点断开，所以 Q0.0 与 Q0.1 是不能同时接通的，这就是互锁控制系统。互锁控制系统在工业控制中是一种常见的控制逻辑。例如，当交流异步电动机正反转运行或 Y-△降压启动时，都要有相应的互锁控制。

【任务评价】

班级：_____　　姓名：_____　　学号：_____　　时间：_____

序号	评价内容	评价要点	分值	得分
1	PLC 硬件接线	能正确连接按钮与 PLC 输入点	10	
2		能正确连接指示灯与 PLC 输出点	10	
3		能正确连接 PLC 电源	5	
4		能正确连接 PLC 下载线	5	
5	PLC 程序编写	能创建 PLC 工程	10	
6		能正确选择 PLC 型号	10	
7		能正确设置 PLC 地址	10	
8		能正确编写梯形图程序	10	
9		能修改 PLC 变量名称	10	
10	调试运行	能实现自锁控制	10	
11		能实现互锁控制	10	
		合计得分		

教师点评

【课后练习】

班级：_____ 姓名：_____ 学号：_____ 时间：_____

练习题目	四个按钮，分别是 SB1、SB2、SB3、SB4。两个指示灯 HL1 和 HL2。SB1 为指示灯 HL1 的启动按钮，SB2 为指示灯 HL2 的启动按钮，SB3 和 SB4 分别是指示灯 HL1 和 HL2 的停止按钮。要求实现以下逻辑功能：当指示灯 HL1 不启动时，就不能启动 HL2；当指示灯 HL2 不停止时，就不能停止 HL1
I/O 接线图	
梯形图程序	

任务 1.3 抢答器控制程序设计

四路抢答器的核心要素是互锁逻辑，即当某一个选手抢答成功后，其他选手再按下抢答按钮则无效，直到主持人按下复位按钮后，才能进行下一轮抢答。

【任务目标】

① 掌握 PLC 控制系统接线方法；
② 掌握 PLC 基本指令编程方法；
③ 能够进行抢答器程序设计；
④ 培养学生在分析问题和解决问题时学以致用和独立思考的能力。

【任务描述】

在西门子 S7-1200 系列 PLC 输入接口连接 6 个按钮，分别作为 4 名选手抢答按钮和主持人启动/复位按钮。在输出接口连接 4 个指示灯，作为选手抢答成功指示。只有在主持人按下启动按钮后，选手方可进行抢答；选手抢答成功后，其他选手抢答无效；一轮抢答完毕，主持人需按下复位按钮对系统进行复位，才能进行下一轮抢答。

抢答器控制
程序设计

【任务资讯】

1.3.1 程序设计思路

为实现抢答功能，可以采用互锁控制程序，使四路输出相互排斥，由主持人按下启动/复位按钮来控制整个系统的启动和停止。当主持人按下启动按钮时，能够将系统"启动"状态保持到抢答结束，即将数据存放在 PLC 内部的存储器中，这就需要用到 PLC 内部的 M 寻址区，如图 1.26 所示。该寻址区用于存放 PLC 临时变量数据，可以按照位（Bit）、字节（Byte）、字（Word）和双字（DWord）对存储器进行寻址。

如果程序需要保存一个开关量信号，则可采用位寻址方法，M 区位寻址表示方法是 M 字节地址 . 位地址。例如 M100.4，表示 M 区存储器的地址为 100 的字节当中的第 4 位。它可用于存放一个二进制位（或开关量状态），本任务中的主持人允许抢答状态就可以存放在 M 存储区。

1.3.2 电气接线图

PLC 采用西门子 S7-1200 系列，CPU 型号为 1215C DC/DC/DC。根据任务要求，设计四路抢答器系统电气接线图，如图 1.27 所示。

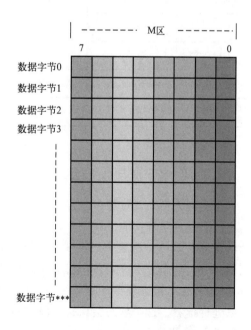

图 1.26　S7-1200 内部 M 寻址区

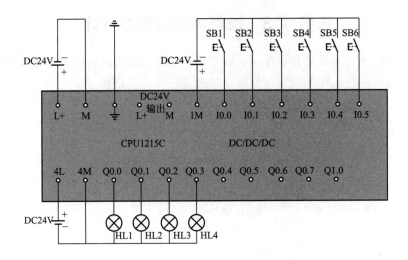

图 1.27 四路抢答器系统电气接线图

1.3.3 I/O 分配表

根据四路抢答器系统电气接线图制作 I/O 分配表，如表 1.3 所示。

表 1.3 I/O 分配表

输入端	功能说明	备注	输出端	功能说明	备注
I0.0	选手 1	SB1	Q0.0	指示灯 1	HL1
I0.1	选手 2	SB2	Q0.1	指示灯 2	HL2
I0.2	选手 3	SB3	Q0.2	指示灯 3	HL3
I0.3	选手 4	SB4	Q0.3	指示灯 4	HL4
I0.4	主持人启动	SB5			
I0.5	主持人复位	SB6			

1.3.4 PLC 控制程序

(1) 主持人启动复位程序

主持人控制系统实质上是一个自锁控制系统，如图 1.28 所示。主要用于保持主持人的启动状态，从 I/O 分配表 1.3 可知，主持人的启动与复位按钮分别对应 I0.4 和 I0.5，辅助继电器 M100.0 作为主持人启动状态的保持信号，这个信号没有任何实质性的输出，它只能将 I0.4 这个启动状态保持下去，作为程序的中间变量。当主持人按下启动按钮 I0.4 时，选手可以进行抢答。这个状态会保持一段时间，这是第一个程序段，用于主持人的控制，可以在程序段上标明一下，增加程序的可读性。

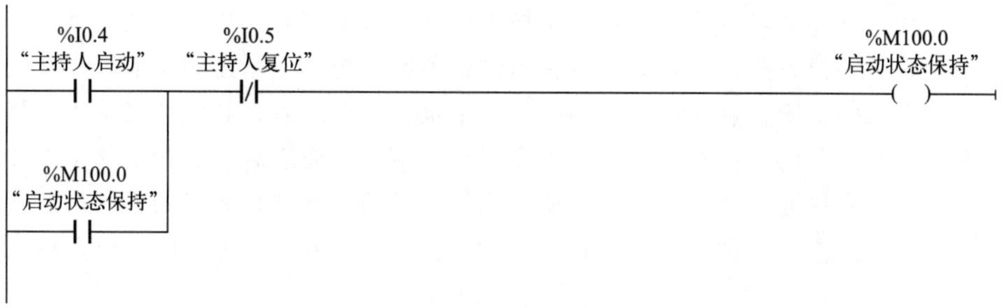

图 1.28　主持人复位程序梯形图

(2) 选手抢答程序

第二个程序段用于选手的控制,如图 1.29 所示。每个选手都可以启动抢答指示灯,选手抢答的指示灯实际上就是一个自锁程序。这里一共设置了四名选手。但是他们之间是相互

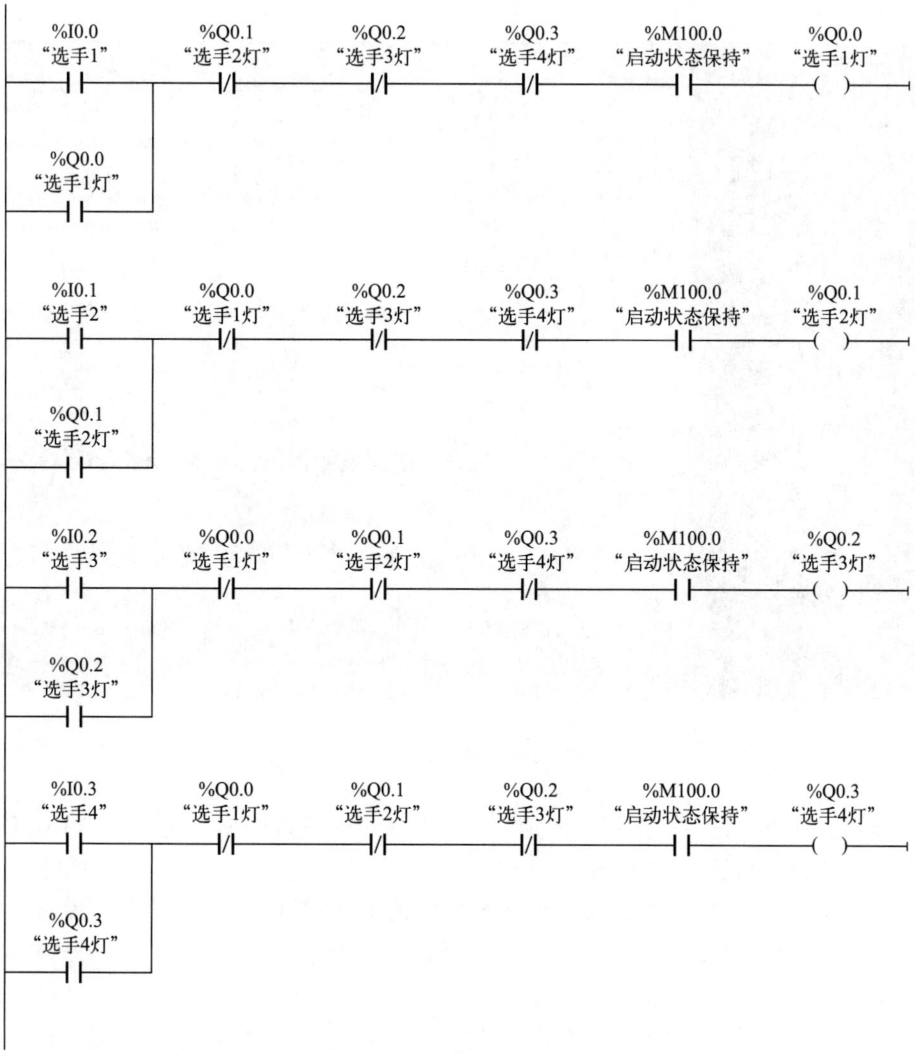

图 1.29　选手抢答程序梯形图

排斥的，需要用到互锁逻辑电路。当选手1按下按钮进行抢答时，抢答成功，其他选手都不能抢答，即使按下了抢答按钮，它对应的指示灯也不能点亮。根据互锁功能，可在自身的支路上串联互锁对象的常闭触点。那么，当某个选手抢答成功之后，其他几名选手的指示灯都不会被点亮。这些选手的按钮互锁。互锁程序要求在主持人处于启动运行的状态下才能够运行。如果主持人没有接通启动状态，那么所有抢答选手的程序都是无效的。所以，在每个选手的抢答器上面，还应增加主持人启动状态的常开按钮 M100.0。这样只有当主持人按下启动按钮之后，M100.0 才会接通，选手方可进行抢答。

【任务实施】

第一步：新建一个"四路抢答器"文件夹，用于保存创建的 PLC 工程，如图 1.30 所示。打开博途软件，单击"创建新项目"选项，"项目名称"设置为"四路抢答器"，保存的"路径"为刚刚新建的文件夹。

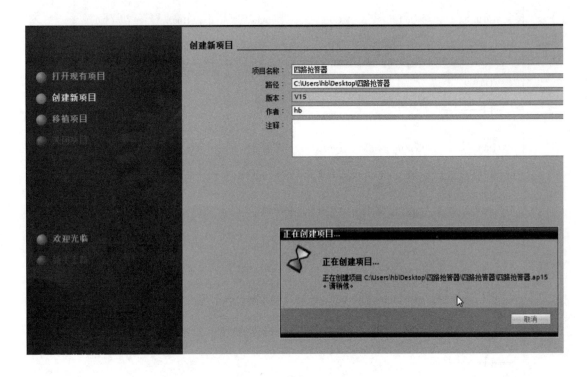

图 1.30　创建 PLC 项目

第二步：选择组态设备。选择"添加新设备"选项，设备的型号是 1215C DC/DC/DC，单击"添加"按钮，如图 1.31 所示。

第三步：设置 PLC 的属性。双击组态窗口中的 PLC 图标，打开属性设置对话框。在"以太网地址"中输入"192.168.0.13"。启用系统和时钟存储器，勾选"允许来自远程对象的 PUT/GET 通信访问"复选框。

第四步：编写四路抢答器的 PLC 梯形图程序。如图 1.32 所示，打开 Main 程序块，四路抢答器的 PLC 程序由主持人控制程序和选手控制程序两部分构成。

第五步：编译。输入相应的 PLC 程序之后，对程序进行编译，并且将编译后的程序，

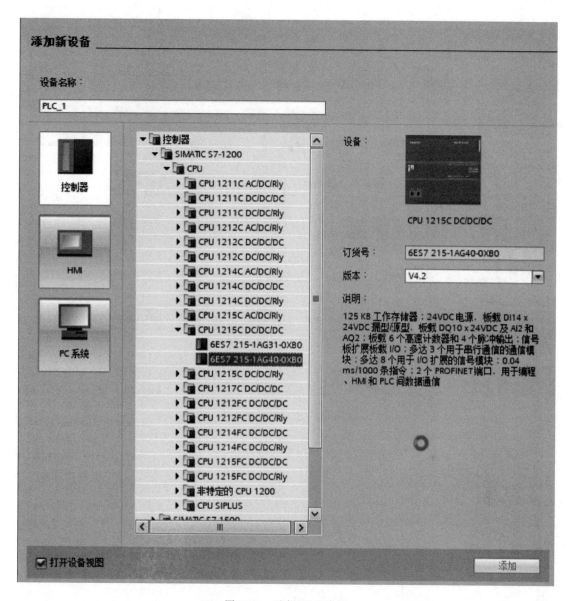

图 1.31 选择 PLC 类型

下载到 PLC 中。选择 IP 地址为 192.168.0.13 这个设备，单击"下载"按钮，下载完成后，可以在线监控程序是否能够正常运行。单击"转至在线"按钮，单击"启用监视"按钮。

当主持人没有按下启动按钮时，即主持人没有接通启动状态 M100.0 时，选手 1 按下抢答按钮，Q0.0 没有输出。选手 2 按下抢答按钮，Q0.1 也没有输出，抢答器没有反应。当主持人按下启动按钮，M100.0 接通，各选手可以按抢答按钮开始抢答。因此，在选手抢答程序中，M100.0 接通是选手可以抢答的一个前提条件。抢答开始后，当选手 1 抢答成功，也就是说 I0.0 被按下，Q0.0 有输出。这时按下 I0.1 按钮，可以看到 Q0.1 不能接通，按一下 I0.2，Q0.2 也不能接通，按下 I0.3 按钮，Q0.3 同样不能接通。这样就实现了在同一时间只能有一个选手进行抢答。当抢答完毕，需要将选手 1 的系统进行复位，主持人只需停止 M100.0 的启动状态即可，按下 I0.5 按钮，整个系统恢复正常，可以进行下一轮抢答。

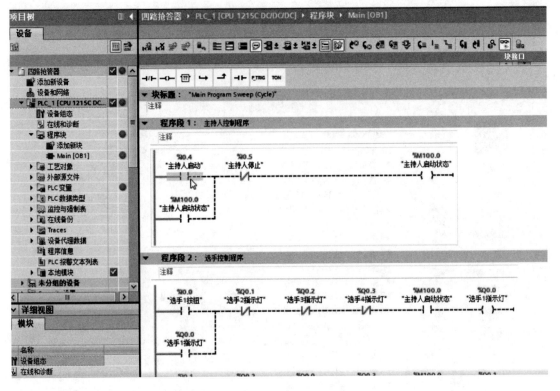

图 1.32　编写梯形图程序

学习笔记

【任务评价】

班级：_____ 姓名：_____ 学号：_____ 时间：_____

序号	评价内容	评价要点	分值	得分
1	PLC 硬件接线	能正确连接按钮与 PLC 输入点	10	
2		能正确连接指示灯与 PLC 输出点	10	
3		能正确连接 PLC 电源	5	
4		能正确连接 PLC 下载线	5	
5	PLC 程序编写	能创建 PLC 工程	10	
6		能正确选择 PLC 型号	10	
7		能正确设置 PLC 地址	10	
8		能正确编写梯形图程序	10	
9		能修改 PLC 变量名称	10	
10	调试运行	能实现选手抢答功能	10	
11		能实现主持人复位功能	10	
		合计得分		
教师点评				

【课后练习】

班级：_____　姓名：_____　学号：_____　时间：_____

练习题目	分别用一般逻辑指令和置位、复位指令完成以下功能： （1）启动时，先启动电动机 M1，才能启动电动机 M2；停止时，M1 和 M2 同时停止 （2）启动时，电动机 M1 和 M2 同时启动；停止时，只有在电动机 M2 停止时，电动机 M1 才能停止
I/O 接线图	
梯形图程序	

项目2

交通信号灯系统设计

交通信号灯是指挥交通运行的信号灯，它使交通得以有效管制，用于疏导交通流量、提高道路通行能力、减少交通事故。为了提高交通道路的管理水平，力求交通管理向先进性、科学化方向发展，采用 PLC 实现交通灯管制的控制系统，能够简单、经济、有效地疏导交通，提高道路的通行能力。交通信号灯是一种典型的以时间顺序控制的逻辑系统。本项目分为三个任务：任务 2.1 主要讲述 S7-1200 定时器的使用；任务 2.2 主要讲述西门子 S7-1200 系列 PLC 计数器的使用；任务 2.3 主要讲述交通灯系统的 PLC 设计过程。

任务 2.1 定时控制系统设计

定时器是 PLC 中一种常用的编程元件，包括接通延时型定时器、关断延时型定时器、生成脉冲型定时器、时间累加器等，较为常用的是接通延时型定时器。定时器在 PLC 控制系统中十分重要，用于时间顺序控制、设备定时启停等场合。

【任务目标】

① 掌握 S7-1200 系列 PLC 接通延时型定时器的调用方法；
② 理解 S7-1200 系列 PLC 接通延时型定时器的工作原理；
③ 会设计自锁控制梯形图程序；
④ 培养遵守时间的诚信精神。

【任务描述】

在西门子 S7-1200 系列 PLC 的 I0.0 和 I0.1 接口分别连接一个常开按钮 SB1 和 SB2。在 Q0.0 和 Q0.1 接口分别连接一个 24V 指示灯。按下 SB1 按钮，5s 后 Q0.0 指示灯点亮，Q0.0 亮 5s 后，Q0.1 指示灯点亮，两个指示灯点亮的时间间隔 5s，按下 SB2 按钮，指示灯熄灭。

定时控制系统设计

【任务资讯】

2.1.1 西门子 S7-1200 系列 PLC 定时器

(1) 接通延时型定时器

接通延时型定时器（TON）在博途软件中"基本指令"下的"定时器操作"目录如图

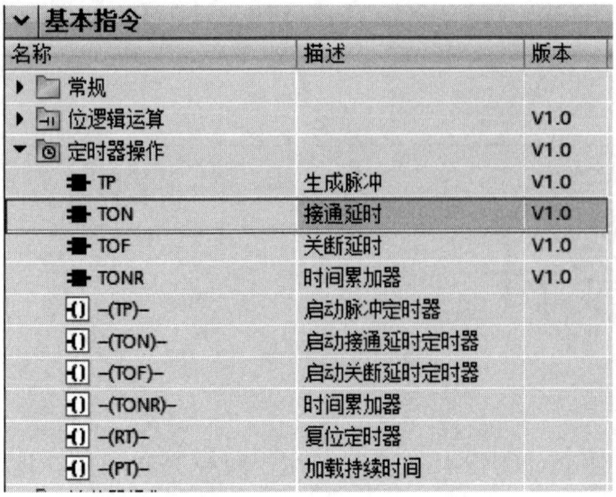

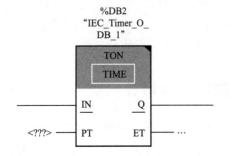

图 2.1 定时器指令目录

2.1 所示。

在调用接通延时型定时器时，会自动生成一个背景数据块，无需新建数据块。接通延时型定时器有四个信号端，分别是使能端 IN、输出端 Q、计时时间 PT、当前时间 ET，其功能块图如图 2.2 所示。

当输入 IN 的逻辑运算结果从"0"变为"1"（信号上升沿）时，启动该指令。指令启动时，预设的时间 PT 开始计时。超出 PT 的设定时间之后，输出 Q 的信号状态将变为"1"。只要启动输入仍为"1"，输出 Q 就保持置位。启动输入的信号状态从"1"变为"0"时，将复位输出 Q。在启动输入检测到新的信号上升沿时，该定时器功能将再次启动。

我们可以在 ET 输出查询当前的时间值。该定时器值从 T♯0s 开始，在达到持续时间值 PT 后结束。只要输入 IN 的信号状态变为"0"，输出 ET 就复位。

定时器的定时时间分辨率为 1ms，最大可计时 $(2^{31}-1)$ ms。本任务中需要计时 5s，直接在 PT 端输入 5000 即可。

图 2.2 接通延时型定时器的功能块图

注意：
① 在启动接通延时型定时器时，输入使能端信号应为上升沿信号，即 IN 由 0 变为 1；
② 定时器启动后，输入使能端信号 IN 需持续为接通状态；
③ 复位定时器只需将输入使能端信号 IN 断开即可；
④ 定时器数量取决于 PLC 内存容量。

图 2.3 所示示例说明了该指令的工作原理。

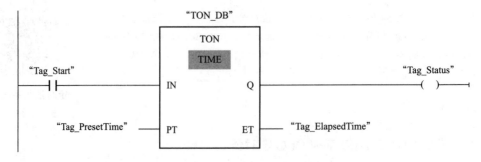

图 2.3 接通延时型定时器工作原理

在图 2.3 中，当操作数"Tag_Start"的信号状态从"0"变为"1"时，PT 参数预设的时间开始计时。超过该时间周期后，操作数"Tag_Status"的信号状态将置"1"。只要操作数"Tag_Start"的信号状态为"1"，操作数"Tag_Status"就会保持置位为"1"。当前时间值存储在操作数"Tag_ElapsedTime"中。当操作数"Tag_Start"的信号状态从"1"变为"0"时，将复位操作数"Tag_Status"。

（2）关断延时型定时器

在调用关断延时型定时器时，会自动生成一个背景数据块，无需新建数据块。关断延时型定时器有四个信号端，分别是使能端 IN、输出端 Q、计时时间 PT、当前时间 ET，其功能块图如图 2.4 所示。

生成关断延时指令可以将 Q 输出的复位延时设定为时间 PT。当输入 IN 的逻辑运算结果（RLO）从"0"变为"1"（信号上升沿）时，将置位 Q 输出。当输入 IN 的信号状态变回"0"时，预设的时间 PT 开始计时。只要 PT 持续时间仍在计时，输出 Q 就保持置位。持续时间 PT 计时结束后，将复位输出 Q。如果输入 IN 的信号状态在持续时间 PT 计时结束之前变为"1"，则复位定时器。输出 Q 的信号状态仍将为"1"。

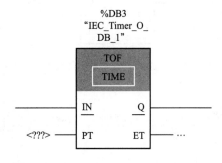

图 2.4 关断延时型定时器的功能块图

我们可以在 ET 输出查询当前的时间值。该定时器值从 T#0s 开始，在达到持续时间值 PT 后结束。当持续时间 PT 计时结束后，在输入 IN 变回"1"之前，输出 ET 会保持被设置为当前值的状态。在持续时间 PT 计时结束之前，如果输入 IN 的信号状态切换为"1"，则将 ET 输出复位为 T#0s。

图 2.5 所示示例说明了该指令的工作原理。

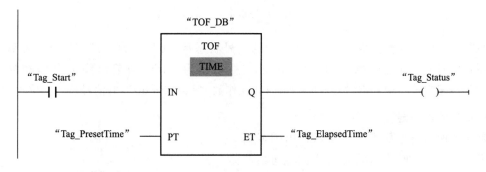

图 2.5 关断延时型定时器工作原理

在图 2.5 中，当操作数"Tag_Start"的信号状态从"0"变为"1"时，操作数"Tag_Status"的信号状态将置位为"1"。当操作数"Tag_Start"的信号状态从"1"变为"0"时，PT 参数预设的时间将开始计时。只要该时间仍在计时，操作数"Tag_Status"就会保持置位为 TRUE。该时间计时完毕后，操作数"Tag_Status"将复位为 FALSE。当前时间值存储在操作数"Tag_ElapsedTime"中。

(3) 生成脉冲型定时器

生成脉冲指令如图 2.6 所示,可以将输出 Q 置位为预设的一段时间。生成脉冲型定时器有四个信号端,分别是使能端 IN、输出端 Q、计时时间 PT、当前时间 ET。

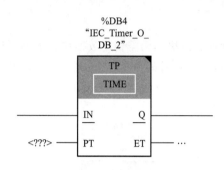

图 2.6 生成脉冲型定时器的功能块图

在图 2.6 中,当输入 IN 的逻辑运算结果(RLO)从"0"变为"1"(信号上升沿)时,启动该指令。指令启动时,预设的时间 PT 开始计时。无论后续输入信号的状态如何变化,都将输出 Q 置位由 PT 指定的一段时间。PT 持续时间正在计时时,即使检测到新的信号上升沿,输出 Q 的信号状态也不会受到影响。

我们可以扫描 ET 输出处的当前时间值。该定时器值从 T♯0s 开始,在达到持续时间值 PT 后结束。如果 PT 时间用完且输入 IN 的信号状态为"0",则复位 ET 输出。

图 2.7 所示示例说明了该指令的工作原理。

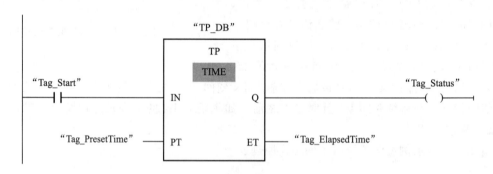

图 2.7 生成脉冲型定时器工作原理

在图 2.7 中,当操作数"Tag_Start"的信号状态从"0"变为"1"时,PT 参数预设的时间开始计时,且操作数"Tag_Status"将置位为"1"。当前时间值存储在操作数"Tag_ElapsedTime"中。定时器计时结束时,操作数"Tag_Status"的信号状态复位为"0"。

(4) 时间累加器

时间累加器指令如图 2.8 所示,用于累加由参数 PT 设定的时间段内的时间值。时间累加器有五个信号端,分别是使能端 IN、复位输入端 R、输出端 Q、计时时间 PT、当前时间 ET。

在图 2.8 中,输入 IN 的信号状态从"0"变为"1"(信号上升沿)时,将执行该指令,同时时间值 PT 开始计时。当 PT 正在计时时,加上在 IN 输入的信号状态为"1"时记录的时间值,累加得到的时间值将写入输出 ET 中,并可以在此进行查询。持续时间 PT 计时结束后,输出 Q

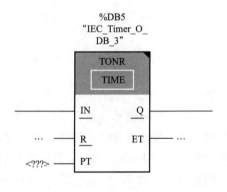

图 2.8 时间累加器的功能块图

的信号状态为"1"。即使 IN 参数的信号状态从"1"变为"0"（信号下降沿），Q 参数仍将保持置位为"1"。无论启动输入的信号状态如何，输入 R 都将复位输出 ET 和 Q。

图 2.9 所示示例说明了该指令的工作原理。

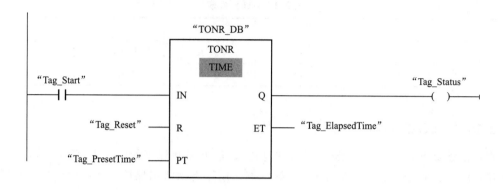

图 2.9　时间累加器工作原理

在图 2.9 中，当操作数"Tag_Start"的信号状态从"0"变为"1"时，PT 参数预设的时间开始计时。只要操作数"Tag_Start"的信号状态为"1"，该时间就继续计时。当操作数"Tag_Start"的信号状态从"1"变为"0"时，计时将停止，并记录操作数"Tag_ElapsedTime"中的当前时间值。当操作数"Tag_Start"的信号状态从"0"变为"1"时，将继续从发生信号跃迁"1"到"0"时记录的时间值开始计时。达到 PT 参数中指定的时间值时，操作数"Tag_Status"的信号状态将置位为"1"。当前时间值存储在操作数"Tag_ElapsedTime"中。

2.1.2　电气接线图

PLC 采用西门子 S7-1200 系列，CPU 型号为 1215C DC/DC/DC。根据任务要求，设计定时控制系统电气接线图如图 2.10 所示。

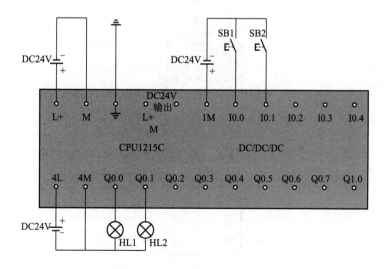

图 2.10　定时控制系统电气接线图

2.1.3 I/O 分配表

根据定时控制系统电气接线图制作 I/O 分配表，如表 2.1 所示。

表 2.1 I/O 分配表

输入端	功能说明	备注	输出端	功能说明	备注
I0.0	启动	SB1	Q0.0	指示灯 1	HL1
I0.1	停止	SB2	Q0.1	指示灯 2	HL2

2.1.4 PLC 控制程序

根据任务要求，首先要有启动和停止的功能。基本控制程序如图 2.11 所示。I0.0 是启动按钮，I0.1 是停止按钮。M100.0 是自锁触点，用作启动状态保持。然后对变量进行重命名，I0.1 重命名为"停止"。M100.0 重命名为"启动状态保持"。

图 2.11 基本控制程序

定时器控制程序如图 2.12 所示。当按下第一个按钮 I0.0，5s 以后，第一个指示灯 Q0.0 亮。第一个指示灯 Q0.0 亮 5s 以后，第二个指示灯 Q0.1 亮。第二个指示灯 Q0.1 点亮时距离按下启动按钮 I0.0 已经过去了 10s。当按下启动按钮 I0.0 时，M100.0 用作启动状态保持，接通两个定时器。

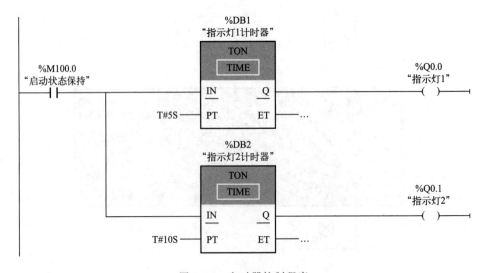

图 2.12 定时器控制程序

【任务实施】

第一步：新建一个"定时控制系统"文件夹，用于保存创建的 PLC 工程。打开博途软件，创建新项目，如图 2.13 所示，"项目名称"设置为"定时控制系统"。保存的"路径"选择新建的"定时控制系统"文件夹，单击"创建"按钮。

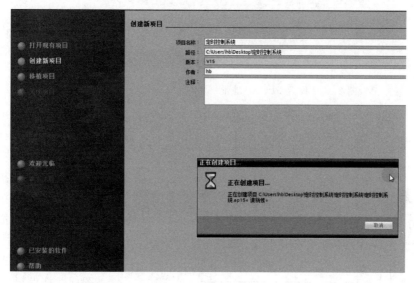

图 2.13　创建 PLC 项目

第二步：组态 PLC 设备，如图 2.14 所示。选择"添加新设备"选项，选择 CPU 的类型为 1215C DC/DC/DC，"订货号"选择 6ES7 215-1AG40-0XB0，单击"添加"按钮。

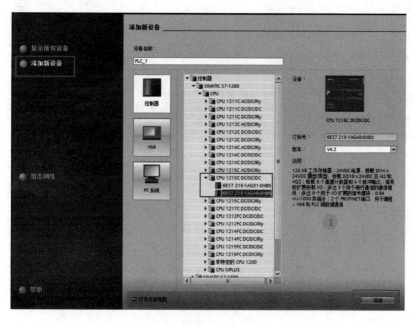

图 2.14　选择 PLC 类型

第三步：双击 PLC 图标，设置参数如图 2.15 所示。"以太网地址"选择"192.168.0.13"，也可以选择与上位机 IP 地址同一网段的地址。启动系统和时钟存储器，勾选"连接机制"中"允许来自远程对象的 PUT/GET 通信访问"复选框。

图 2.15　设置 PLC IP 地址

第四步：在程序块中，编写相应的 PLC 控制程序，双击 Main 函数。打开进入 PLC 程序的编辑界面，输入示例 PLC 程序，如图 2.16 所示。

在右侧的指令对话框中，首先选择接通延时型定时器，将之拖曳到程序段中单击。添加完第一个定时器后，单击打开分支图标，拖曳第二个定时器。然后，启动定时器。当第一个定时器 DB1 启动后，需要点亮 Q0.0 指示灯，此时增加一个常开触点，输出 Q0.0。Q0.0 的点亮条件是第一个定时器 DB1 定时 5s 后输出 Q 置"1"。双击图标，选择 DB1 定时器，选择它的 Q 值。当 DB2 定时器定时 10s 后，Q0.1 点亮。因此需要增加一个分支，用于输出 Q0.1。最后选择 DB2 定

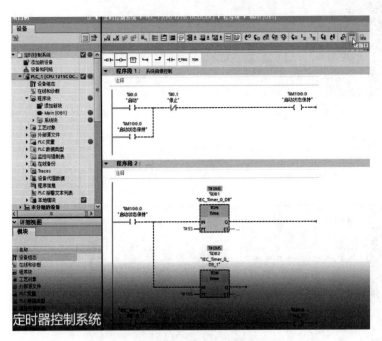

图 2.16　定时器控制程序

时器，选择它的 Q 值。

编写完梯形图程序，需对整个 PLC 系统进行软硬件的编译。编译完成后，若没有错误，则下载程序。将 PLC 系统"转至在线"并"启用监视"。此时按下 I0.0 按钮，M100.0 接通，两个定时器开始计时。当第一个定时器 DB1 计时到 5s 时，Q0.0 点亮。当第二个定时器 DB2 达到 10s 时，Q0.1 点亮。按下停止按钮 I0.1，两个指示灯熄灭。完成了整个系统要求的功能。

注意：此处编写的程序不唯一，可以采用其他方法编写程序。

【任务评价】

班级：_____　　姓名：_____　　学号：_____　　时间：_____

序号	评价内容	评价要点	分值	得分
1	PLC 硬件接线	能正确连接按钮与 PLC 输入点	10	
2		能正确连接指示灯与 PLC 输出点	10	
3		能正确连接 PLC 电源	5	
4		能正确连接 PLC 下载线	5	
5	PLC 程序编写	能创建 PLC 工程	10	
6		能正确选择 PLC 型号	10	
7		能正确设置 PLC 地址	10	
8		能正确编写梯形图程序	10	
9		能修改 PLC 变量名称	10	
10	调试运行	能下载 PLC 程序	10	
11		能实现本任务要求	5	
12		程序编写规范	5	
合计得分				

教师点评

【课后练习】

班级：_____ 姓名：_____ 学号：_____ 时间：_____

练习题目	三台电动机的启动和停止顺序控制，M1 运行 5s 后，M2 开始运行；M2 运行 5s 后，M3 开始运行，M1 停止运行；M3 运行 5s 后，M2 停止运行；M3 运行 10s 后，M1 开始运行，M3 停止运行
I/O 接线图	
梯形图程序	

任务 2.2 计数控制系统设计

计数器是 PLC 中常用的一种编程元件,包括加计数器(CTU)、减计数器(CTD)、加减计数器(CTUD)等几种类型,较为常用的是加计数器。计数器指令用于对内部程序事件和外部过程事件进行计数。每个计数器都使用数据块中存储的结构来保存计数器数据。计数器在 PLC 控制系统中是十分重要的,用于需要计数的场合,例如需要统计生产线产品数量、停车场车辆数量等。

【任务目标】

① 掌握 S7-1200 PLC 计数器的调用方法;
② 理解 S7-1200 PLC 计数器工作原理;
③ 会设计 PLC 计数控制系统程序;
④ 培养良好的职业道德修养,能遵守职业道德规范。

【任务描述】

在西门子 S7-1200 系列 PLC 的 I0.0、I0.1 接口分别连接两个常开按钮 SB1 和 SB2,在 Q0.0 接口连接一个 24V 指示灯 HL。按下 5 次 SB1 按钮,指示灯点亮,按下 SB2 按钮,指示灯熄灭。

计数控制系统设计

【任务资讯】

2.2.1 西门子 S7-1200 系列 PLC 基本计数器

西门子 S7-1200 系列 PLC 基本计数器在博途软件中"基本指令"下的"计数器操作"目录中,如图 2.17 所示。

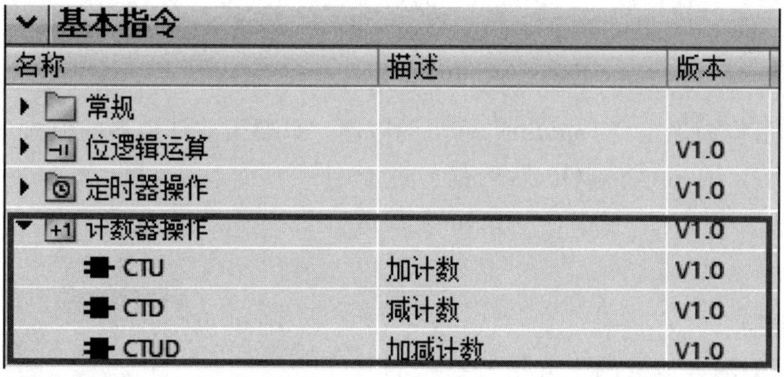

图 2.17 计数器

(1) 加计数器(CTU)

加计数器可对输入信号的上升沿进行检测并累加计数,其功能块如图 2.18 所示。

在图 2.18 中,CU 为计数器信号输入端,R 为计数器复位输入端,PV 为计数器预设

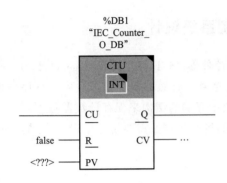

图 2.18　加计数器的功能块图

值，Q 为计数器输出端，CV 为当前计数器值。

加计数指令用于递增输出 CV 的值。如果输入 CU 的信号状态从"0"变为"1"（信号上升沿），则执行加计数指令，同时输出 CV 的当前计数器值加 1。每检测到一个信号上升沿，计数器值就会递增 1，直到输出 CV 与预设值 PV 相等，输入 CU 的信号状态将不再影响加计数指令，计数器输出端 Q 置"1"。

我们可以查询 Q 输出中的计数器状态。输出 Q 的信号状态由参数 PV 决定。如果当前计数器 CV 的值大于或等于参数 PV 的值，则将输出 Q 的信号状态置位为"1"。在其他情况下，输出 Q 的信号状态均为"0"。

当输入 R 的信号状态变为"1"时，输出 CV 的值被复位为"0"。只要输入 R 的信号状态仍为"1"，输入 CU 的信号状态就不会影响该指令。

图 2.19 说明了加计数器工作原理。

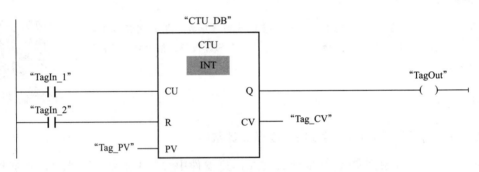

图 2.19　加计数器工作原理

在图 2.19 中，当操作数"TagIn_1"的信号状态从"0"变为"1"时，将执行加计数指令，同时操作数"Tag_CV"的当前计数器值加 1。每检测到一个信号上升沿，计数器值就会递增，直到该数据类型的上限（INT＝32767）。

PV 参数的值作为确定"TagOut"输出的限制。只要当前计数器的值大于或等于操作数"Tag_PV"的值，输出"TagOut"的信号状态就为"1"。在其他情况下，输出"TagOut"的信号状态均为"0"。

（2）减计数器

减计数器可对输入信号的上升沿进行检测并减计数，其功能块如图 2.20 所示。

在图 2.20 中，CD 为计数信号输入端，LD 为装载输入端，PV 为计数器预设值，Q 为计数器输出端，CV 为当前计数器值。

减计数指令用于递减输出 CV 的值。如果输入

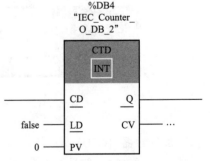

图 2.20　减计数器的功能块图

入 CD 的信号状态从"0"变为"1"(信号上升沿),则执行减计数指令,同时输出 CV 的当前计数器值减 1。每检测到一个信号上升沿,计数器值就会递减 1,直到指定数据类型的下限。达到下限时,输入 CD 的信号状态将不再影响减计数指令。

我们可以查询 Q 输出中的计数器状态。如果当前计数器的值小于或等于"0",则 Q 输出的信号状态将置位为"1"。在其他情况下,输出 Q 的信号状态均为"0"。

当输入 LD 的信号状态变为"1"时,将输出 CV 的值设置为参数 PV 的值。只要输入 LD 的信号状态仍为"1",输入 CD 的信号状态就不会影响该指令。

图 2.21 说明了减计数器工作原理。

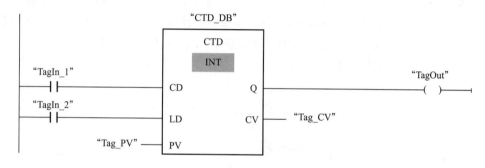

图 2.21　减计数器工作原理

在图 2.21 中,当操作数"TagIn_1"的信号状态从"0"变为"1"时,执行减计数指令且操作数"Tag_CV"输出的值减 1。每检测到一个信号上升沿,计数器值就会递减 1,直到所指定数据类型的下限(INT=-32768)。

只要当前计数器值小于或等于 0,操作数"TagOut"输出的信号状态就为"1"。在其他情况下,输出操作数"TagOut"的信号状态均为"0"。

(3) 加减计数器

加减计数器集合了加计数器和减计数器的功能,既可作为加计数器,也可作为减计数器,其功能块如图 2.22 所示。

在图 2.22 中,CU 为加计数信号输入端,CD 为减计数信号输入端,R 为计数器复位输入端,LD 为装载输入端,PV 为计数器预设值,QU 为加计数器输出端,QD 为减计数器的输入端,CV 为当前计数器值。

加减计数指令用于递增和递减输出 CV 的计数器值。如果输入 CU 的信号状态从"0"变为"1"(信号上升沿),则当前计数器值加 1 并存储在输出 CV 中。如果输入 CD 的信号状态从"0"变为"1"(信号上升沿),则输出 CV 的计数器值减 1。如果在一个程序周期内,输入 CU 和 CD 都出现信号上升沿,则输出 CV 的当前计数器值保持不变。

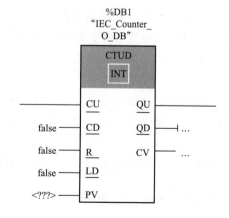

图 2.22　加减计数器的功能块图

计数器值可以一直递增，直到输出 CV 处指定数据类型的上限。达到上限后，即使出现信号上升沿，计数器值也不再递增。达到指定数据类型的下限后，计数器值便不再递减。

当输入 LD 的信号状态变为"1"时，将输出 CV 的计数器值置位为参数 PV 的值。只要输入 LD 的信号状态仍为"1"，输入 CU 和 CD 的信号状态就不会影响加减计数指令。

当输入 R 的信号状态变为"1"时，将计数器值置位为"0"。只要输入 R 的信号状态仍为"1"，输入 CU、CD 和 LD 信号状态的改变就不会影响加减计数指令。

可以在 QU 输出中查询加计数器的状态。如果当前计数器的值大于或等于参数 PV 的值，则将输出 QU 的信号状态置位为"1"。在其他情况下，输出 QU 的信号状态均为"0"。

可以在 QD 输出中查询减计数器的状态。如果当前计数器的值小于或等于"0"，则 QD 输出的信号状态将置位为"1"。在其他情况下，输出 QD 的信号状态均为"0"。

图 2.23 说明了加减计数器工作原理。

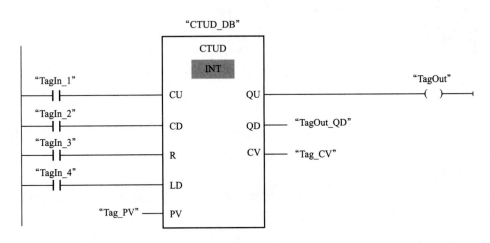

图 2.23　加减计数器工作原理

在图 2.23 中，如果输入操作数"TagIn_1"或"TagIn_2"的信号状态从"0"变为"1"（信号上升沿），则执行加减计数指令。输入操作数"TagIn_1"出现信号上升沿时，当前计数器值加 1 并存储在输出操作数"Tag_CV"中。输入操作数"TagIn_2"出现信号上升沿时，计数器值减 1 并存储在输出操作数"Tag_CV"中。输入 CU 出现信号上升沿时，计数器值将递增，直到上限值 32767。输入 CD 出现信号上升沿时，计数器值将递减，直到下限（INT=−32768）。

只要当前计数器的值大于或等于操作数"Tag_PV"输入的值，操作数"TagOut"输出的信号状态就为"1"。在其他情况下，输出操作数"TagOut"的信号状态均为"0"。

只要当前计数器的值小于或等于 0，操作数"TagOut_QD"输出的信号状态就为"1"。在其他情况下，输出操作数"TagOut_QD"的信号状态均为"0"。

2.2.2　电气接线图

PLC 采用西门子 S7-1200 系列，CPU 型号为 1215C DC/DC/DC。根据任务要求，设计计数控制系统电气接线图如图 2.24 所示。

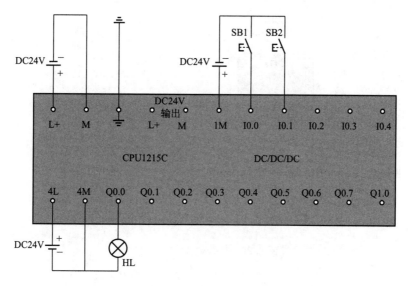

图 2.24 计数控制系统电气接线图

2.2.3 I/O 分配表

根据计数控制系统电气接线图制作 I/O 分配表,如表 2.2 所示。

表 2.2 I/O 分配表

输入端	功能说明	备注	输出端	功能说明	备注
I0.0	指示灯 1 启动按钮	SB1	Q0.0	指示灯	HL
I0.1	停止按钮	SB2			

2.2.4 PLC 控制程序

根据任务要求,在 I0.0 和 I0.1 分别接两个按钮。当按下 I0.0 按钮 5 次,Q0.0 指示灯亮。按下 I0.1 按钮,指示灯熄灭。选择指令表中的 CT0 加计数,将之拖曳到程序段中,创建一个加计数器。在 CT0 中输入计数信号,连接一个常开触点 I0.0。当 I0.0 每检测到一个上升沿,CTU 就会自动加 1 计数。若想复位,连接一个常开触点 I0.1,按一下 I0.1 按钮,可对计数器进行复位。PV 用于设置计数器的值,此处要求设置为 5 次。当计数器的值达到 5 时,输出端 Q 置"1",Q0.0 点亮。CV 中是计数器当前的值,可以关联一个变量 MW100 来显示程序,如图 2.25 所示。

【任务实施】

第一步:新建一个文件夹,用于存储 PLC 的项目文件。打开博途软件,如图 2.26 所示,单击"创建新项目"选项,"项目名称"设置为"计数控制系统",保存"路径"选择"计数控制系统"文件夹。

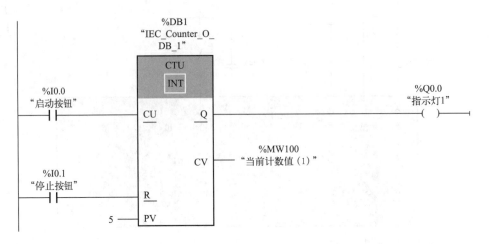

图 2.25 加计数器应用程序

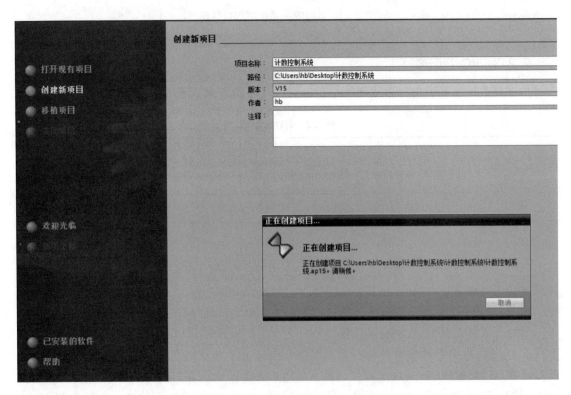

图 2.26 创建 PLC 项目

第二步：组态设备。单击"添加新设备"选项如图 2.27 所示，选择控制器类型为 S7-1200，CPU 类型为 1215C DC/DC/DC，订货号选择 6ES7 215-1AG40-0XB0，单击"添加"按钮。

第三步：设置 PLC 的参数。如图 2.28 所示，双击设备组态窗口中的 PLC 图标，设置"以太网地址"为"192.168.0.13"，启动系统和时钟存储器，勾选"允许来自远程对象的 PUT/GET 通信访问"复选框。

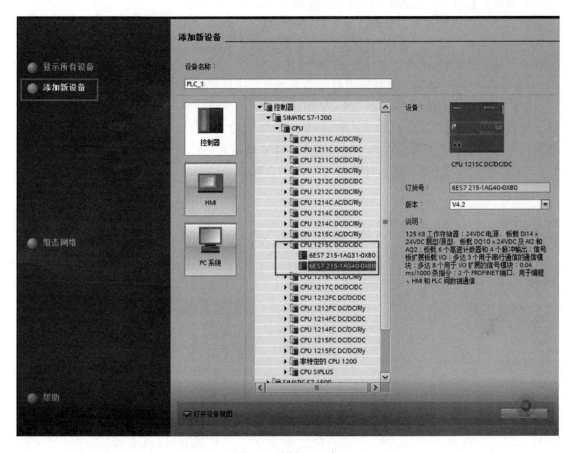

图 2.27 选择 PLC 类型

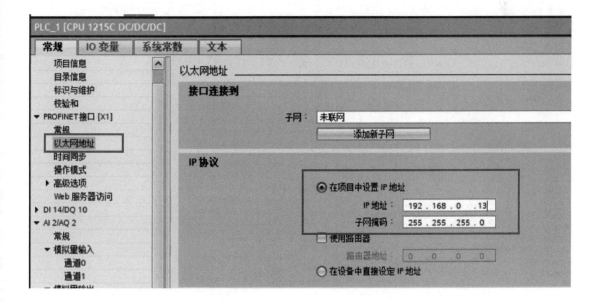

图 2.28 设置 PLC IP 地址

第四步：打开 Main 程序块，进入程序编写界面，输入例程。

第五步：编译软硬件。单击"下载到设备"图标，选择"显示地址相同的设备"选项，单击"开始搜索"按钮，选择地址为"192.168.0.13"的设备进行下载。单击"转至在线"按钮并"启用监视"，此时当前计数器 PV 的值是"0"；按下 I0.1 按钮，计数器当前的值为"1"；再次按下 I0.1 按钮，计数器当前值的为"2"。计数信号必须为脉冲输入，只有断开再闭合瞬间，计数器的值才会增加。当 CV 的值与 PV 的值相同时，Q0.0 点亮，按下 I0.1 按钮对计数器进行复位，Q0.0 熄灭；再次按下 I0.1 按钮，又可以重新进行计数；按下 I0.1 按钮又复位计数器的当前值。当 CV 的值等于 PV 的值时，计数器的 Q 端会输出"1"。当 CV 的值与 PV 的值不相等时，计数器的 Q 端就会输出"0"。

学习笔记

【任务评价】

班级：_____ 姓名：_____ 学号：_____ 时间：_____

序号	评价内容	评价要点	分值	得分
1	PLC 硬件接线	能正确连接按钮与 PLC 输入点	10	
2		能正确连接指示灯与 PLC 输出点	10	
3		能正确连接 PLC 电源	5	
4		能正确连接 PLC 下载线	5	
5	PLC 程序编写	能创建 PLC 工程	10	
6		能正确选择 PLC 型号	10	
7		能正确设置 PLC 地址	10	
8		能正确编写梯形图程序	10	
9		能修改 PLC 变量名称	10	
10	调试运行	能下载 PLC 程序	10	
11		能实现系统功能	5	
12		实训现场整洁	5	
		合计得分		

教师点评

【课后练习】

班级：_____　姓名：_____　学号：_____　时间：_____

练习题目	当按下启动按钮，电动机先正转 2s 后，停 1s，然后反转 2s 后，停 1s，如此重复 5 次，自动停止
I/O 接线图	
梯形图程序	

任务 2.3　时序控制系统设计

交通信号灯是一种典型的按照时间顺序逻辑进行工作的系统，利用 PLC 内部的定时器可以很方便地设计交通信号灯系统。

【任务目标】

① 掌握 PLC 定时器的使用方法；
② 掌握 PLC 基本指令编程方法；
③ 能够进行交通信号灯程序设计；
④ 培养分析问题和解决问题的能力。

【任务描述】

在西门子 S7-1200 系列 PLC 输入接口连接 2 个按钮 SB1 和 SB2，用于交通信号灯的启动和停止，在输出接口连接 6 个指示灯，分别控制东西方向的红绿黄灯和南北方向的红绿黄灯。具体任务要求如下。

① 按下启动按钮 SB1 后，交通信号灯开始工作。按下停止按钮 SB2 后，交通信号灯停止工作。

② 东西方向的绿灯亮，5s 后，以 1Hz 频率闪烁 3 次，东西方向的黄灯亮，2s 后，东西方向的红灯亮。南北方向亮灯的时序与东西方向一致。

③ 东西方向的绿灯和黄灯亮时，南北方向的红灯亮，南北方向的绿灯和黄灯亮时，东西方向的红灯亮。

时序控制系统设计

【任务资讯】

2.3.1　程序设计思路

在交通信号灯系统中，自锁控制程序用于设计整个系统的启停控制。因为任务中有时间和对闪烁次数进行计数的要求，故要用到 PLC 内部计数器。交通信号灯是按照时间顺序循环运行的，在设计时间顺序控制程序时，应先罗列相应的时间点，并根据时间点输出相应的信号。

① 时间点 1（0s）。按下启动按钮，东西方向绿灯亮，南北方向红灯亮。
② 时间点 2（5s）。东西方向绿灯闪烁 3 次，南北方向红灯亮。
③ 时间点 3（8s）。东西方向黄灯亮，南北方向红灯亮。
④ 时间点 4（10s）。东西方向红灯亮，南北方向绿灯亮。
⑤ 时间点 5（15s）。东西方向红灯亮，南北方向绿灯闪烁 3 次。
⑥ 时间点 6（18s）。东西方向红灯亮，南北方向黄灯亮。
⑦ 时间点 7（20s）。循环，复位所有的定时器和计数器。

2.3.2　电气接线图

PLC 采用西门子 S7-1200 系列，CPU 型号为 1215C DC/DC/DC。根据任务要求，设计时序控制系统电气接线图如图 2.29 所示。

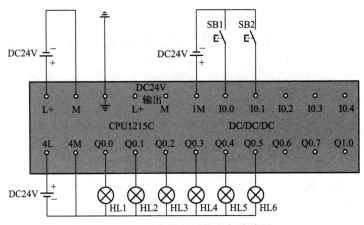

图 2.29　时序控制系统电气接线图

2.3.3　I/O 分配表

根据时序控制系统电气接线图制作 I/O 分配表，如表 2.3 所示。

表 2.3　I/O 分配表

输入端	功能说明	备注	输出端	功能说明	备注
I0.0	启动	SB1	Q0.0	东西绿灯	HL1
I0.1	停止	SB2	Q0.1	东西黄灯	HL2
			Q0.2	东西红灯	HL3
			Q0.3	南北绿灯	HL4
			Q0.4	南北黄灯	HL5
			Q0.5	南北红灯	HL6

2.3.4　PLC 控制程序

(1) 系统启动停止程序

交通信号灯控制系统根据任务要求，由启动和停止两个按钮负责系统的启动与停止。编写的第一个程序段如图 2.30 所示，I0.0 为启动按钮，I0.1 为停止按钮，M100.0 用作系统的启动状态保持存储器。将 Q0.0 重命名为启动，Q0.1 重命名为停止。

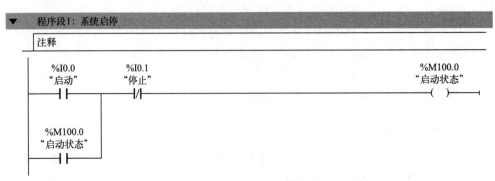

图 2.30　系统启停程序梯形图

（2）罗列系统时间点

第二个程序段是建立整个系统的时间点，根据系统要求，一共涉及 7 个时间点。其中，0s 就是按下启动按钮的瞬间，不用设置。另外 6 个时间点分别是 5s、8s、10s、15s、18s 和 20s。这些时间点都在 M100.0 接通后才能开始计时。第一个定时器负责的时间点是 5s，再添加相应的分支，依次拖曳第二个、第三个、第四个、第五个、第六个定时器。此时 DB1 定时器负责的时间点是 5s，就是 5000ms；DB2 负责的时间点是 8s，就是 8000ms；DB3 负责的时间点是 10s，就是 10000ms；DB4 定时器负责的时间点是 15s，就是 15000ms，DB5 负责的时间点是 18s，就是 18000ms 或直接输入 T98S；DB6 负责的时间点是 20s，这样就建立起了 6 个时间点。建立时间点程序梯形图如图 2.31 所示。当编写按照一定的时间顺序完成某些功能的程序时，建议使用创建系统整体时间点的方式来进行设计，那么当某个定时器计时时间到，执行相应的操作即可。

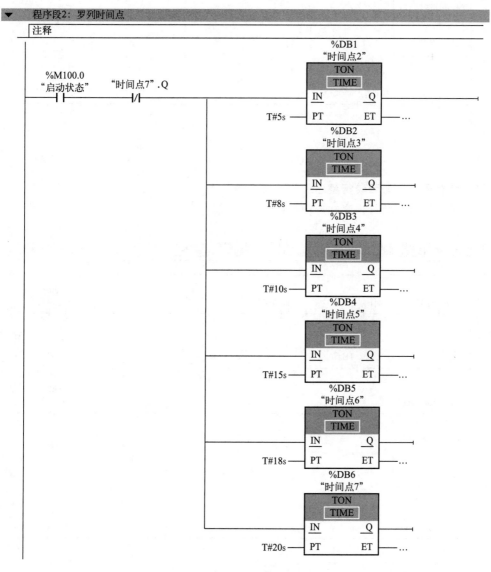

图 2.31　建立时间点程序梯形图

(3) 东西通行、南北禁行程序

东西通行、南北禁行程序梯形图如图 2.32 所示。

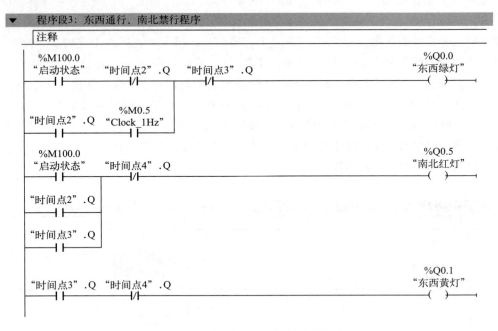

图 2.32　东西通行、南北禁行程序梯形图

(4) 南北通行、东西禁行程序

南北通行、东西禁行程序梯形图如图 2.33 所示。

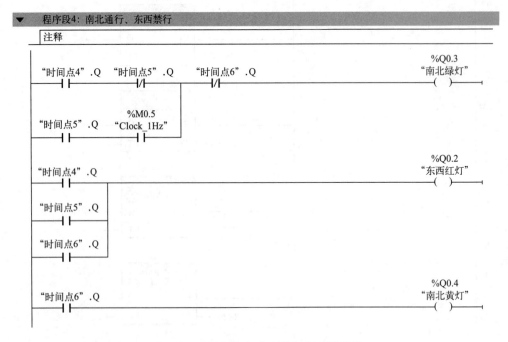

图 2.33　南北通行、东西禁行程序梯形图

【任务实施】

第一步：新建一个文件夹，用于保存 PLC 的项目文件。打开博途软件，如图 2.34 所示，单击"创建新项目"，选项"项目名称"设置为"交通灯系统"，保存的"路径"为"交通灯系统"文件夹，单击"创建"按钮。

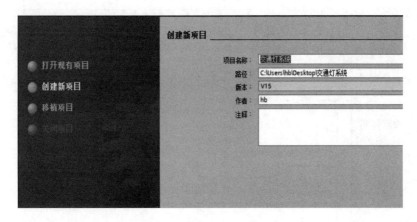

图 2.34　创建 PLC 项目

第二步：组态 PLC 硬件。单击"添加新设备"选项，如图 2.35 所示，选择设备类型为 S7-1200，CPU 类型为 1215C DC/DC/DC，订货号选择 6ES7 215-1 AG40-0XB0。

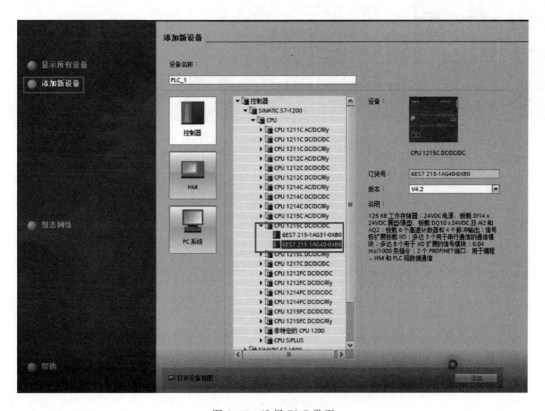

图 2.35　选择 PLC 类型

第三步：双击 PLC 图标设置参数。"以太网地址"设置为"192.168.0.13"，启用系统和时钟存储器，在"连接机制"参数中勾选"允许来自远程对象的 PUT/GET 通信访问"复选框。

第四步：打开 Main 程序块，进入程序编辑界面，输入例程，如图 2.36 所示。将编写好的程序进行编译下载。将系统"转至在线"，启用监视功能。

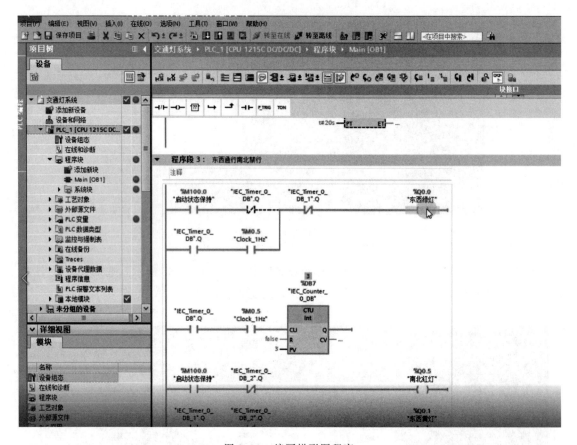

图 2.36　编写梯形图程序

整个程序的编写过程并不是唯一的，我们也可根据自己的思路完成交通信号灯控制系统的工作任务的设计。交通信号灯是一个典型的时间控制的 PLC 程序。在实际工业控制场合，还有很多按照时间顺序控制的逻辑过程，可参考进行相应的设计。

【任务评价】

班级：_____　　姓名：_____　　学号：_____　　时间：_____

序号	评价内容	评价要点	分值	得分
1	PLC 硬件接线	能正确连接按钮与 PLC 输入点	10	
2		能正确连接指示灯与 PLC 输出点	10	
3		能正确连接 PLC 电源	5	
4		能正确连接 PLC 下载线	5	
5	PLC 程序编写	能创建 PLC 工程	10	
6		能正确选择 PLC 型号	10	
7		能正确设置 PLC 地址	10	
8		能正确编写梯形图程序	10	
9		能修改 PLC 变量名称	10	
10	调试运行	能下载 PLC 程序	10	
11		能实现交通灯任务要求	5	
12		接线规范，实训现场整洁	5	
		合计得分		
教师点评				

【课后练习】

班级：_____ 姓名：_____ 学号：_____ 时间：_____

练习题目	设计自动装箱生产线系统，控制要求：按下启动按钮，传输带电动机 M2 启动，当箱子进入定位位置后，传输带电动机 M2 停止。等待 1s 后，传输带电动机 M1 启动，物品逐一落入箱中，进行计数检测。当落入箱内物品达到 10 个，传输带电动机 M1 停止，并且传输带电动机 M2 启动。按下停止按钮，传输带电动机全部停止
I/O 接线图	
梯形图程序	

项目3

PLC人机交互系统设计

PLC 人机交互系统即为 PLC 人机界面（HMI），是系统和用户之间进行交互和信息交换的媒介，它实现信息的内部形式与人类可以接受形式之间的转换。凡是参与人机信息交流的领域都存在人机界面。用户和系统之间一般用面向问题的受限自然语言进行交互。人机界面能更好地反映出设备和流程的状态，并通过视觉和触摸的效果，带给用户更直观的感受。

任务 3.1　PLC 开关量交互系统设计

PLC 与人机界面进行开关量信息交互，是指 PLC 与触摸屏之间通过相应的通信协议传递 0 或 1 二进制信息。例如通过触摸屏按钮控制 PLC 输出继电器，或在触摸屏显示 PLC 内部位寻址区状态。

【任务目标】

① 掌握 MCGS 组态软件开关量构件的使用方法；
② 掌握 MCGS 组态软件人机界面的设计方法；
③ 能够进行 PLC 与 MCGS 组态软件之间开关量信息传递；
④ 培养钻研和创新精神。

【任务描述】

触摸屏上的两个按钮用于控制 PLC 输出接口 Q0.0 的启动与停止，触摸屏的指示灯用于指示 S7-1200 PLC 的输出口 Q0.0 的状态。

PLC开关量交互系统设计

【任务资讯】

3.1.1　MCGS 组态软件简介

MCGS 是北京昆仑通态自动化软件科技有限公司研发的一套基于 Windows 平台的、用于快速构造和生成上位机监控系统的组态软件系统，主要完成现场数据的采集与监测、前端数据的处理与控制，可运行在 Windows 95/98/Me/NT/2000/XP 等操作系统下。

打开浏览器，搜索"昆仑通态"，或在地址栏输入 MCGS 嵌入版组态软件下载网址"www.mcgs.com.cn"进入昆仑通态科技有限公司的官网，找到"下载中心"，如图 3.1 所示。

图 3.1 下载中心

单击"下载中心"选项卡,选择 MCGS 嵌入版 7.7 安装包,单击"下载"按钮,如图 3.2 所示。

图 3.2 下载安装包

下载完成后,单击"Setup"选项开始安装,如图 3.3 所示。

安装完 MCGS 嵌入版组态软件后,在计算机桌面上会显示两个图标:一个是 MCGSE

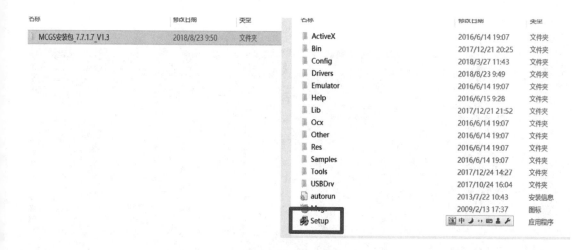

图 3.3　MCGS 嵌入版组态软件安装

组态环境；另一个是 MCGSE 模拟运行环境。组态环境用于设计人机界面，软件模拟运行环境用来验证所设计的人机界面能否正常运行。

首先双击桌面上 MCGS 嵌入版组态环境的图标，打开 MCGS 嵌入版组态软件。第一次打开组态软件，会弹出一个演示工程，如图 3.4 所示，可以将它关闭。

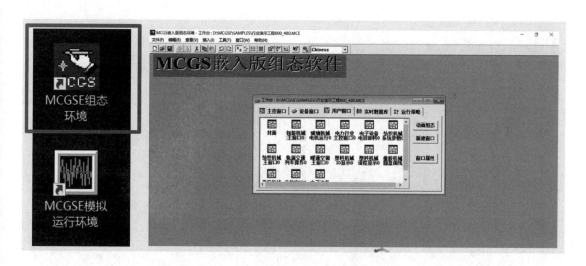

图 3.4　组态图标

将演示工程关闭后的窗口状态如图 3.5 所示。

新建一个组态工程，相当于新建一个编辑文件，如图 3.6 所示。建立组态工程的方法有两种：一是单击组态软件左上角的新建图标；二是选择左上角的"文件"→"新建工程"选项。

新建工程后，在弹出的"新建工程设置对话框中，首先选择 TPC（也就是触摸屏）的类型，然后设置人机界面的背景。其中，TPC 的类型要选择实际触摸屏的类型，背景颜色可以根据设计要求来设置，如图 3.7 所示。

图 3.5 MCGS 嵌入版组态环境

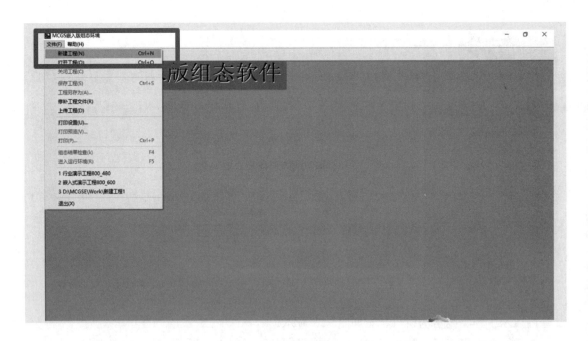

图 3.6 新建工程

在组态开发环境下有一个组态软件的工作台,如图 3.8 所示。工作台中有五个窗口:主控窗口、设备窗口、用户窗口、实时数据库、运行策略。其中,主控窗口用于设置整个组态环境,包括是否有菜单的显示。主控窗口确定了工业控制中工程的总体轮廓以及运行流程、菜单、命令启动特性等内容,是应用系统的主框架。

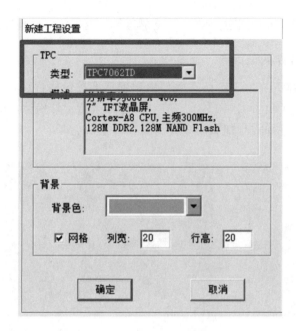

图 3.7 选择触摸屏

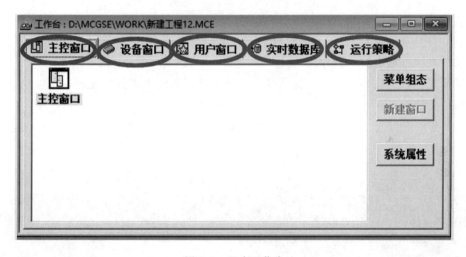

图 3.8 组态工作台

设备窗口是 MCGS 嵌入版组态系统与外部设备联系的媒介，专门用来放置不同类型和功能的设备、构件，实现对外部设备的操作与控制，例如三菱 PLC、西门子 PLC 等。设备窗口通过设备构件把外部设备的数据采集进来，送到实时数据库或把实时数据库中的数据输出到外部设备中。

用户窗口可以搭建多个，根据用户不同的需求，可放置不同的构件来实现某种监控和动画显示等。实现了数据和流程的可视化。

实时数据库主要用来存放和创建数据对象，在整个的数据处理中起到交换信息的作用，数据对象用于完成信息的传递。例如，想要读取存放在 PLC 数据寄存器中的数值，就可以通过实时数据库中的数据对象来完成。

运行策略包括启动策略、循环策略、退出策略。启动策略是指在启动时运行的策略；循环策略可以根据所设定的时间来进行循环策略的运行；退出策略是指在退出时运行的策略。

3.1.2 人机交互界面设计

根据任务要求，需要在 MCGS 组态软件中利用标准按钮构件设计两个标准按钮，一个负责 Q0.0 启动，另一个负责 Q0.0 停止。在界面中插入指示灯构件，用于指示 PLC 输出接口 Q0.0 的状态。参考界面设计如图 3.9 所示。

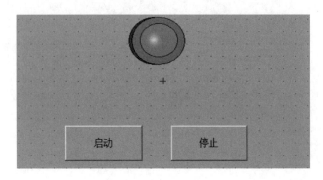

图 3.9 人机界面

标准按钮构件用于实现 Windows 下的按钮功能。标准按钮构件有"抬起"与"按下"两种状态，可分别设置其动作，其对应的按钮动作有执行一个运行策略块、打开或关闭指定的用户窗口及执行特定脚本程序等。

将鼠标光标移到按钮上后，光标将变为手掌形状，此时单击鼠标左键，即可执行所设定按钮的操作功能。

打开软件，新建一个工程，如图 3.10 所示。

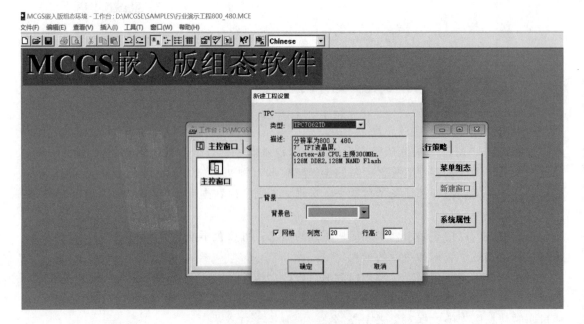

图 3.10 新建工程

弹出"新建工程设置"对话框，其中，"类型"可以选择"TPC7062TD"，"背景色"选择默认灰色，"网格"设置可以选择默认的列宽 20、行高 20。

在"用户窗口"选项卡下新建窗口。双击窗口打开用户窗口，如图 3.11 所示。

图 3.11　新建动画窗口

单击左侧工具箱，标准按钮构件如图 3.12 所示。

图 3.12　选择标准按钮构件

用鼠标左键在屏幕区域拖曳出一个相应大小的标准按钮符号，双击标准按钮构件，可以调出"标准按钮构件属性设置"对话框，如图 3.13 所示。

标准按钮的基本属性如图 3.14 所示，此时显示的是按钮"抬起"状态设置。当需要设置"按下"状态动作时，单击相应的按钮进行设置即可。"文本"用于设定标准按钮构件上显示的文本内容，可快捷设置"抬起"和"按下"两种状态使用相同的文本。"图形设置"用于选择按钮背景图案，可选择"位图"和"矢量图"两种类型，并设定是否显示图形的实际大小。中间的图形是预览效果，预览内容包括状态、文本及字体颜色、背景色、背景图形、对齐效果。注意：加入本位图后，本构件所在窗口的所有位图总大小不能超过 2MB，否则位图加载失败。"文本颜色"用于设定标准按钮构件上显示文字的颜色和字体。"边线

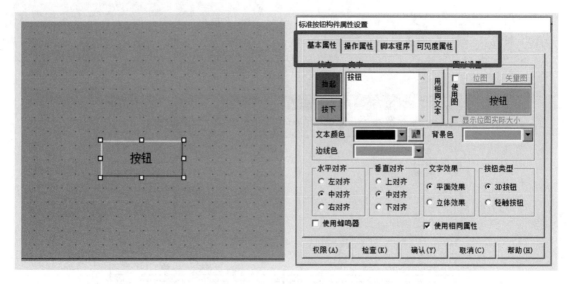

图 3.13 标准按钮构件

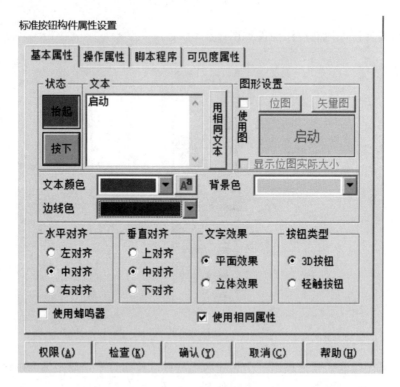

图 3.14 标准按钮的基本属性

色"用于设定标准按钮构件边线的颜色。"背景色"用于设定标准按钮构件文字的背景颜色,当选择图形背景时,此设置不起作用。"使用相同属性"用于选择"抬起"或"按下"两种状态是否使用完全相同的属性,默认为选中,即将当前设置内容同时应用到"抬起"或"按下"状态。"水平对齐"和"垂直对齐"用于指定标准按钮构件上的文字对齐方式,背景图案的对齐方式与标题文字的对齐方式正好与之相反。"文字效果"用于指定标准按钮构件上的文字显示效果,可选平面和立体两种效果。"按钮类型"中,"3D 按钮"是具有三维效果的普通按钮;"轻触按钮"则实现了一种特殊的按钮轻触效果,适于与其他图形元素组合成具有特殊按钮功能的图形。"使用蜂鸣器"用于设置下位机运行时单击按钮是否有蜂鸣声,默认为无。

标准按钮的操作属性如图 3.15 所示,主要用于设置标准按钮构件完成指定的功能。用户可以分别设定"抬起"或"按下"两种状态下的功能,首先应选中将要设定的状态,然后勾选将要设定的功能前面的复选框进行设置。一个标准按钮构件的一种状态可以同时指定几种功能,运行时构件将逐一执行。"执行运行策略块"用于指定用户所建立的策略块,MCGS 嵌入版系统固有的三个策略块(启动策略块、循环策略块、退出策略块)不能被标准按钮构件调用。组态时,按下本栏右边按钮,从弹出的策略块列表中选取。"打开用户窗口"和"关闭用户窗口"用于设置打开或关闭一个指定的用户窗口,可以在右侧下拉菜单的用户窗口列表中选取。如果指定的用户窗口已经打开,"打开用户窗口"操作将使 MCGS 嵌入版简单地把这一窗口弹到最前面;如果指定的用户窗口已经关闭,则"关闭用户窗口"操作被 MCGS 嵌入版忽略。"打印用户窗口"用于设置打印,用户可以在右侧下拉菜单的用户窗口列表中选择要打印的窗口。"退出运行系统"用于退出当前环境,系统提供退出运行程序、运行环境、操作系统、重启操作系统和关机五种操作。"数据对象值操作"用于对开关型对象的值进行取反、清 0、置 1 等。"按 1 松 0"操作表示鼠标在构件上按下不放时,对应数据对象的值为 1,而松开时,对应数据对象的值为 0;"按 0 松 1"的操作则相反。可以按下输入栏右侧的按钮 ,从弹出的数据对象列表中选取。"按位操作"用于操作指定的数据对象的指定位(二进制形式),其中被操作的对象即数据对象值操作的对象,要操作的位的位置可以指定变量或数字。"清空所有操作"用于快捷地清空"抬起"或"按下"两种状态的所有操作属性设置。

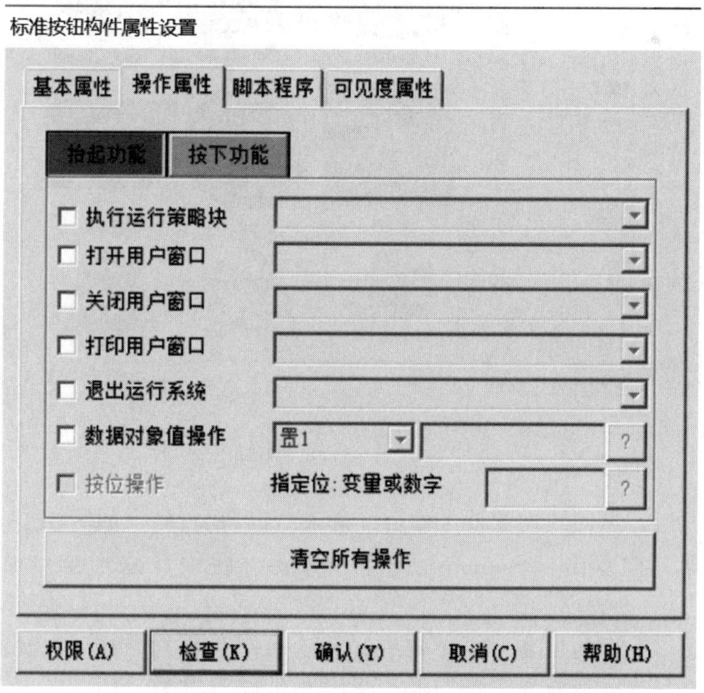

图 3.15 标准按钮的操作属性

插入一个指示灯符号,首先单击左侧工具箱中的插入元件按钮,如图3.16所示。

图3.16 插入元件

然后在弹出的"对象元件库管理"对话框中找到指示灯,单元插入指示灯,如图3.17所示。

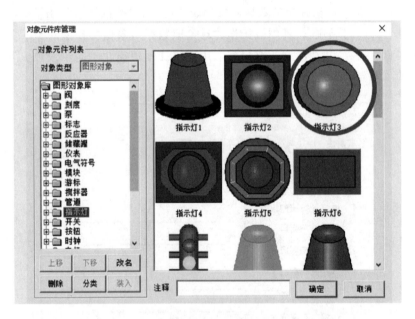

图3.17 元件库指示灯

界面设计完成后,返回组态软件工作台,进入"设备窗口",如图3.18所示。

在"设备管理"中双击"Siemens_1200"图标,将设备添加至"设备窗口",如图3.19所示。

双击"设备窗口"中的设备"0--[Siemens_1200]"图标,打开"设备编辑窗口",如图3.20所示。将"远端IP地址"(即PLC的IP地址)设置为"192.168.0.13"。单击"确认"按钮,关闭窗口即可。

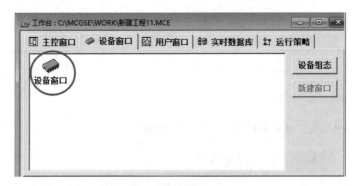

图 3.18　设备窗口

图 3.19　添加到设备窗口

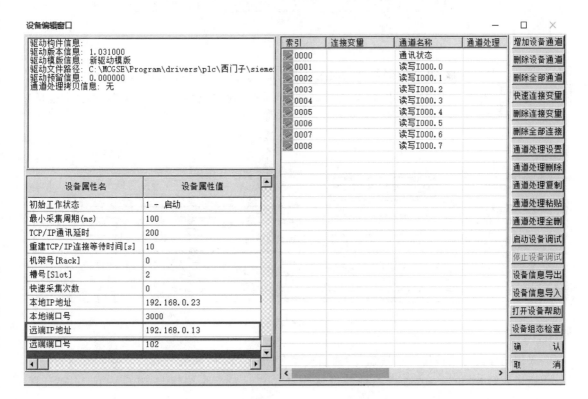

图 3.20　设置 IP

返回"动画组态"窗口，双击启动按钮，打开"标准按钮构件属性设置"对话框，如图 3.21 所示。进入"操作属性"选项卡，勾选"数据对象值操作"复选框，选择"按 1 松 0"选项。

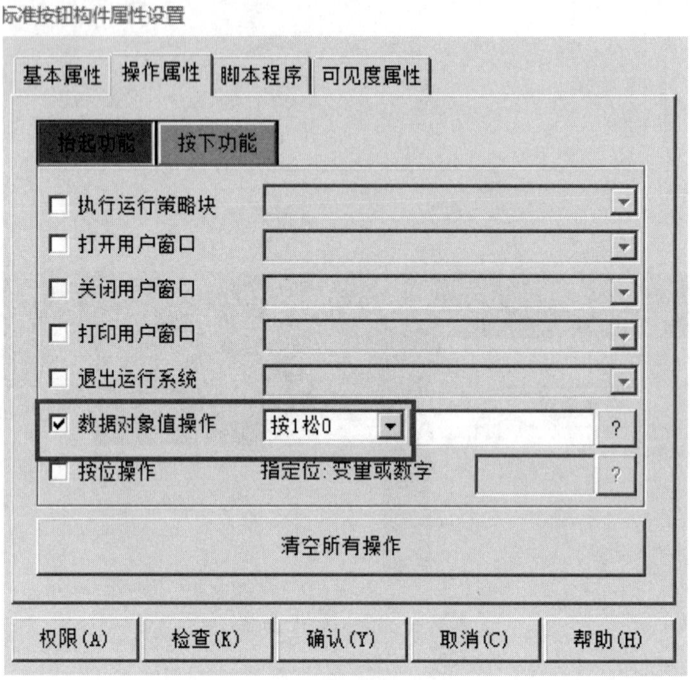

图 3.21 设置按钮构件属性

单击 ? 按钮关联 PLC 内部变量，如图 3.22 所示。选择"根据采集信息生成"单选项，"通道类型"选择"M 内部继电器"，"数据类型"设置为"通道的第 00 位"，"通道地址"设置为"100"。

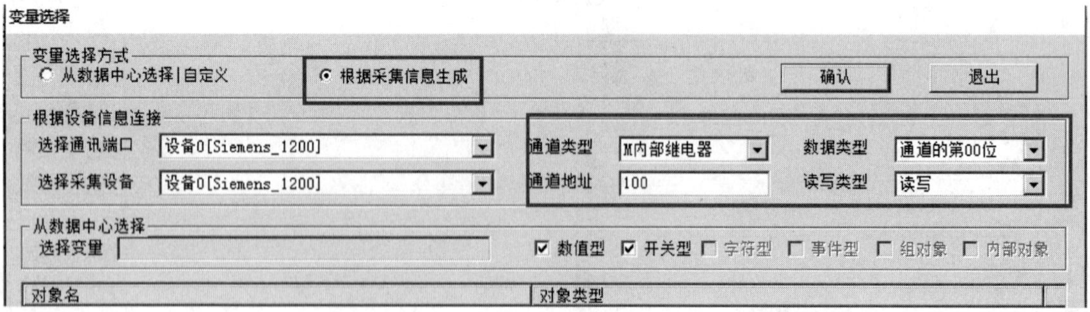

图 3.22 变量内部设置

采用同样的方法设置停止按钮，"通道类型"选择"M 内部继电器"，"数据类型"设置为"通道的第 01 位"，"通道地址"设置为"100"。表示此按钮与 PLC 内存 M 存址区 M100.0 位元件进行通信。

双击指示灯构件，打开其"单元属性设置"对话框，如图 3.23 所示。

图 3.23 关联指示灯变量

单击 ? 按钮进行指示灯变量关联。选择"根据采集信息生成"单选项,"通道类型"选择"Q 输出继电器","数据类型"设置为"通道的第 00 位","通道地址"设置为"0"。表示该指示灯与 PLC 内部 Q0.0 输出继电器进行通信。

此时人机界面设计完成,从以上步骤中,可以总结出人机界面的设计步骤为设计界面→选择监控设备→关联数据对象。

3.1.3 PLC 控制程序

根据任务要求编写 PLC 控制程序,如图 3.24 所示。

图 3.24 PLC 控制程序

【任务实施】

第一步:打开 MCGS 组态软件,单击"文件"→"新建工程"选项,TPC 触摸屏的"类型"选择"TPC7062TI"。"背景色"选择默认。在"用户窗口"中新建窗口,双击打开窗口 0。利用工具箱上的标准按钮工具，新建两个标准按钮，用于 Q0.0 的启动与停止。单击插入元件工具，选择指示灯符号，选择"指示灯 3"，单击确认，并将之拖曳至屏幕合适的位置。设计完成的人机交互界面如图 3.25 所示。

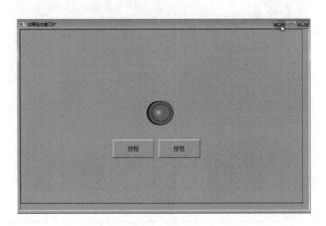

图 3.25　触摸屏界面的编辑

第二步：在工作台的"设备窗口"中，双击西门子 1200 图标，将之添加到"设备窗口"中。打开"设备编辑窗口"，如图 3.26 所示，设置"本机 IP 地址"，即触摸屏的 IP 地址。此处输入"192.168.0.23"。"远端 IP 地址"指的是控制 PLC 的 IP 地址，输入"192.168.0.13"。单击"确认"按钮，直接关掉窗口。

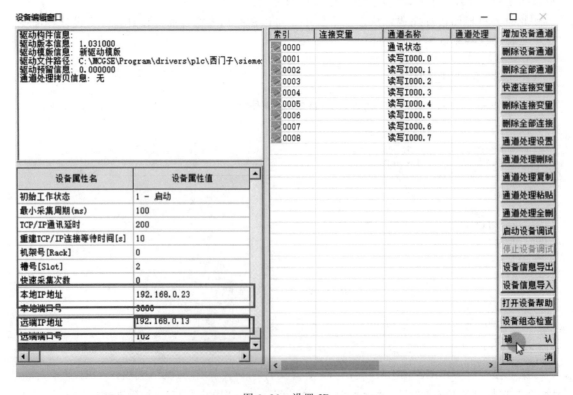

图 3.26　设置 IP

第三步：打开博途软件，创建新项目，设置"项目名称"为"PLC交互开关量"，如图3.27所示。对设备进行组态，并添加新设备，PLC类型选择S7-1200CPU，CPU类型选择1215C DC/DC/DC。双击PLC，设置其属性。设置"以太网地址"为"192.168.0.13"，启动系统和时钟存储器。在"连接机制"中一定要勾选"允许来自远程对象的PUT/GET通信访问"复选框，这样PLC才能与组态软件进行通信。

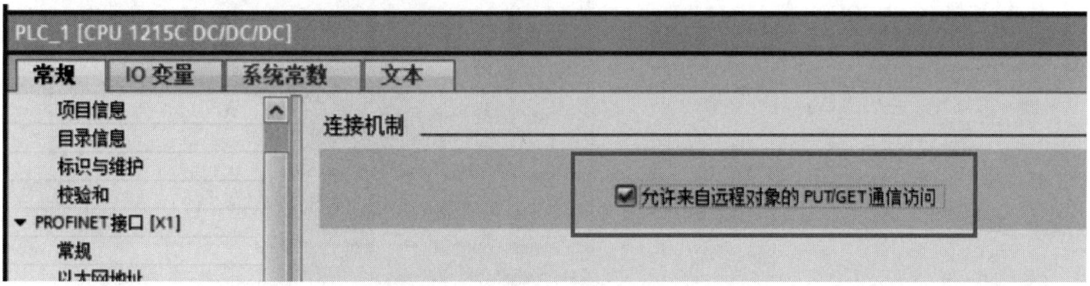

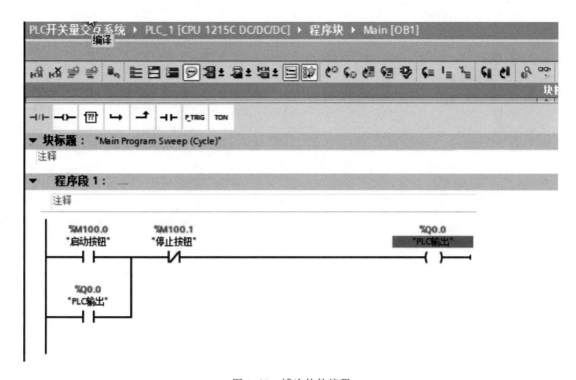

图3.27　设置连接机制

第四步：打开程序块中的Main功能块，编写PLC程序，如图3.28所示。根据任务要求，按下组态软件触摸屏的启动按钮，Q0.0有输出。按下停止按钮，Q0.0停止输出。指示灯用于显示Q0.0的状态。

图3.28　博途软件编程

第五步：编写好程序之后，进行软硬件的编译，编译完成没有错误，单击下载。将PLC转至在线，方便监测程序的执行效果。仿真模拟运行组态软件，如图3.29所示。

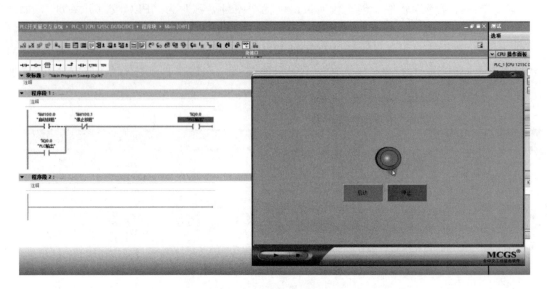

图 3.29　下载工程模拟运行

当按下启动按钮时，Q0.0 有输出，触摸屏上对应的指示灯点亮；按下停止按钮时，Q0.0 没有输出，触摸屏上对应的指示灯熄灭。

学习笔记

【任务评价】

班级：_____　　姓名：_____　　学号：_____　　时间：_____

序号	评价内容	评价要点	分值	得分
1	人机交互界面设计	能正确设计标准按钮构件	10	
2		能正确设计指示灯构件	10	
3		能正确建立组态工程	5	
4		能正确设置 PLC 类型	5	
5	PLC 程序编写	能创建 PLC 工程	10	
6		能正确选择 PLC 型号	10	
7		能正确设置 PLC 地址	10	
8		能正确编写梯形图程序	10	
9		能修改 PLC 变量名称	10	
10	调试运行	能模拟运行上位机	10	
11		实训现场整洁有序	10	
		合计得分		

教师点评	

【课后练习】

班级：_____　　姓名：_____　　学号：_____　　时间：_____

练习题目	利用组态软件设计电动机控制界面，包括三个按钮、两个指示灯。三个按钮分别控制电动机正转、反转、停止，两个指示灯分别指示电动机的正、反转方向
I/O 接线图	
梯形图程序	

任务 3.2 数值量交互系统设计

PLC 与人机界面进行数值量信息交互,是指 PLC 与触摸屏之间通过相应的通信协议传递数值信息。例如通过触摸屏将数值信息传输给 PLC 或读取 PLC 内部 M 或 V 存储区的数值信息。

【任务目标】

① 掌握 MCGS 组态软件输入框构件的使用方法;
② 掌握 MCGS 组态软件标签构件的使用方法;
③ 掌握 MCGS 组态软件人机界面的设计方法;
④ 能够进行 PLC 与 MCGS 组态软件之间数值量信息传递;
⑤ 培养良好的职业道德修养,能遵守职业道德规范。

【任务描述】

利用 MCGS 组态软件设计人机交互界面,可在人机交互界面输入数值来设置 PLC 内部定时器的定时时间,并可显示定时器当前定时时间。单击人机界面的启动按钮,PLC 输出继电器 Q0.0 接通,定时时间到,PLC 输出继电器 Q0.0 断开。

PLC数值量交互系统设计

【任务资讯】

3.2.1 S7-1200 的数据类型

S7-1200 的数据类型如表 3.1 所示。

表 3.1 数据类型列表

数据类型	长度/位	范围	常量输入举例
Bool	1	0~1	TRUE,FALSE,0,1
Byte	8	16#00~16#FF	16#12,16#AB
Word	16	16#0000~16#FFFF	16#ABCD,16#0001
DWord	32	16#00000000~16#FFFFFFFF	16#02468ACE
Char	8	16#00~16#FF	'A' 't' '@'
SInt	8	−128~127	123,−123
Int	16	−32768~32767	123,−123
DInt	32	−2147483648~2147483647	123,−123
USInt	8	0~255	123
UInt	16	0~65535	123
UDInt	32	0~4294967295	123
Real	32	±1.18×10^{-38}~±3.40×10^{-38}	123.456,−3.4,−1.2E+12
LReal	64	±2.23×10^{-308}~±1.79×10^{-308}	12345.123456789,−1.2E+40
Time	32	T#−24d_20h_31m_23s_648ms~T#24d_20h_31m_23s_647ms 存储形式:−2147483648~2147483647ms	T#5m_30s,T#−2d,T#1d_2h_15m_30s_45ms

Byte、Word、Dword 数据类型无法比较大小，只能处理可由 Int 和 UInt 数据类型处理的相同的十进制数据。在使用变量的数据类型时，应注意其范围，避免过大或过小造成存储区资源浪费。

S7-1200 CPU 提供了全局存储器，全局存储器是指各种专用存储区，如图 3.30 所示。其中，输入映像区为 I 区，输出映像区为 Q 区，位存储区为 M 区，数据块存储区为 V 区。存储器用于在执行用户程序期间存储数据。

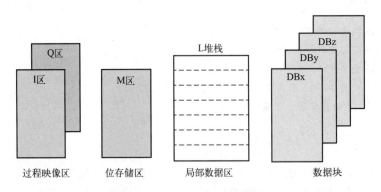

图 3.30　S7-1200 CPU 存储器

S7-1200 CPU 中可以按照位、字节、字和双字对存储单元进行寻址。

对位数据的寻址是由存储器标志符＋字节地址＋分隔符＋位号构成，如 M2.1。其中，M 表示访问位存储区，字节地址为 2，位地址为 1。

对字节的寻址是由存储器标志符＋寻址长度 B＋起始字节地址构成，如 MB2，表示寻址 M 区的第二个字节（8 位二进制数），如图 3.31 所示。

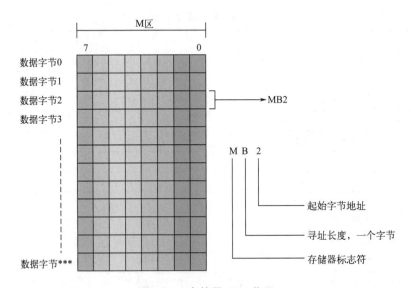

图 3.31　存储器 MB2 位置

对字的寻址是由存储器标志符＋寻址长度 W＋起始字节地址构成，如 MW2，表示存取 M 区的第 2 个字节和第 3 个字节，共 16 位二进制数，如图 3.32 所示。

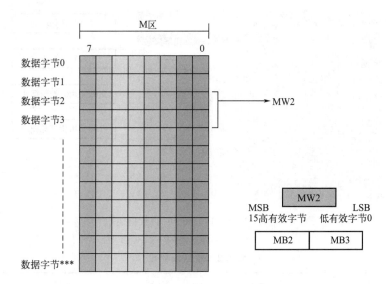

图 3.32　存储器 MW2 位置

需要注意的是，由两个字节组成的字地址遵循的是低地址高字节的原则。MB2 为 MW2 的高字节，MB3 为 MW2 的低字节。

对双字的寻址是由存储器标志符＋寻址长度 D＋起始字节地址构成，如 MD0，表示存取 M 区的第 0 个字节开始的连续 4 个字节，如图 3.33 所示。

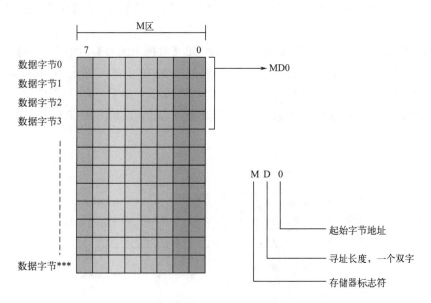

图 3.33　存储器 MD0 位置

数据块存储器用于存储各种类型的数据，如图 3.34 所示。

其中包括程序操作的中间结果或 FB 的其他控制信息参数，以及许多指令，如定时器或计数器所需的数据结构，可以根据需要指定数据块为读写访问，还是只读/只写访问。

我们可以按位、字节、字、双字来访问数据块存储器。对数据块的寻址可按表 3.2 进行操作。

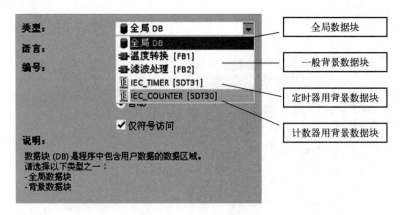

图 3.34　S7-1200 CPU 的数据块

表 3.2　数据块寻址

位	DB【数据块编号】.DBX【字节地址】.【位地址】	DB1.DB2.0
字节、字或双字	DB【数据块编号】.DB【大小】.【起始字节地址】	DB10.DBB0 DB10.DBW2 DB1.DBD2

对数据块中位数据的绝对寻址方式是 DB【数据块编号】.DBX【字节地址】.【位地址】，如 DB1.DBX2.0。

对数据中字节、字或双字的绝对寻址方式是 DB【数据块编号】.DB【大小】.【起始字节地址】。例如，DB10.DBB0，表示对 DB10 数据块的 0 号地址进行字节寻址（8 位）。DB10.DBW2，表示对 DB10 数据块的 2 号地址进行连续 2 个字节寻址（16 位）。DB1.DBD2，表示对 DB1 数据块的 2 号地址进行连续 4 个字节寻址（32 位），如图 3.35 所示。

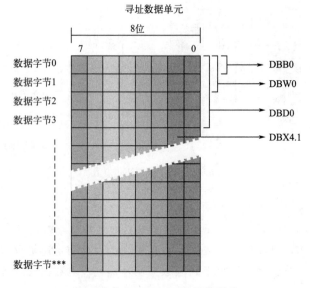

图 3.35　S7-1200 CPU 的数据块

3.2.2 人机交互界面设计

利用 MCGS 组态软件工具箱中的标签构件、标准按钮构件、输入框构件、指示灯构件设计人机界面，如图 3.36 所示。

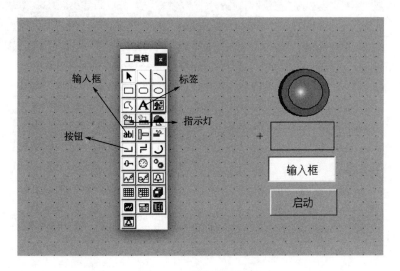

图 3.36 制作人机界面

输入框构件用于接收用户从键盘输入的信息，通过合法性检查之后，将它转换为适当的形式，赋予实时数据库中所连接的数据对象。输入框构件也可以作为数据输出的器件，显示所连接的数据对象的值。形象地说，输入框构件在用户窗口中提供了一个观察和修改实时数据库中数据对象的值的窗口。

在 MCGS 软件中，标签构件除具有通过文本作为 Tag（标记）的功能之外，还具有输入输出连接（显示输出、按钮输入、按钮动作）、位置动画连接（水平移动、垂直移动、大小变化）、颜色动画连接（填充颜色、边线颜色、字符颜色）、特殊动画连接（可见度、闪烁效果）的功能。

人机界面设计完成后，返回组态软件工作台，双击"设备窗口"图标打开设备窗口，如图 3.37 所示。

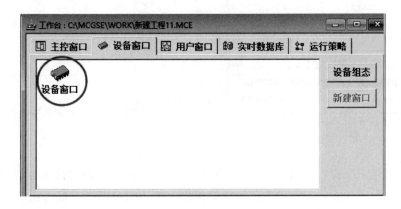

图 3.37 打开设备窗口

打开"设备窗口"后,在"设备管理"中,双击"Siemens_1200"并将之添加至设备窗口,如图 3.38 所示。

图 3.38 添加设备

双击设备窗口中的"设备 0-- [Siemens_1200]"图标,打开"设备编辑窗口"对话框。将"远端 IP 地址"(即 PLC 的 IP 地址)设置为"192.168.0.13"。单击"确认"按钮关闭,如图 3.39 所示。

图 3.39 设置远端 IP

返回"动画组态"窗口,双击"启动"按钮,打开"标准按钮构件属性设置"对话框,选择"操作属性"选项卡,勾选"数据对象值操作"复选框,选择"按 1 松 0"选项,如图 3.40 所示。

单击 ? 按钮关联 PLC 内部变量，选择"根据采集信息生成"单选项，"通道类型"选择"M 内部继电器"，"数据类型"设置为"通道的第 00 位"，"通道地址"设置为"100"，如图 3.41 所示。

双击输入框构件，打开"输入框构件属性设置"对话框，选择"操作属性"选项卡，单击 ? 按钮打开"变量选择"对话框，如图 3.42 所示。

在"变量选择"对话框中，选择"根据采集信息生成"单选项，"通道类型"选择"M 内部继电器"，"数据类型"选择"32 位无符号二进制数"，"通道地址"选择"200"，单击"确认"按钮，如图 3.43 所示。

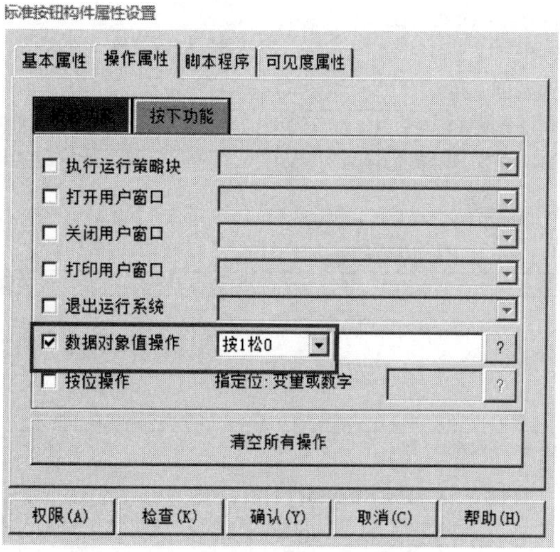

图 3.40 设置按钮构件属性

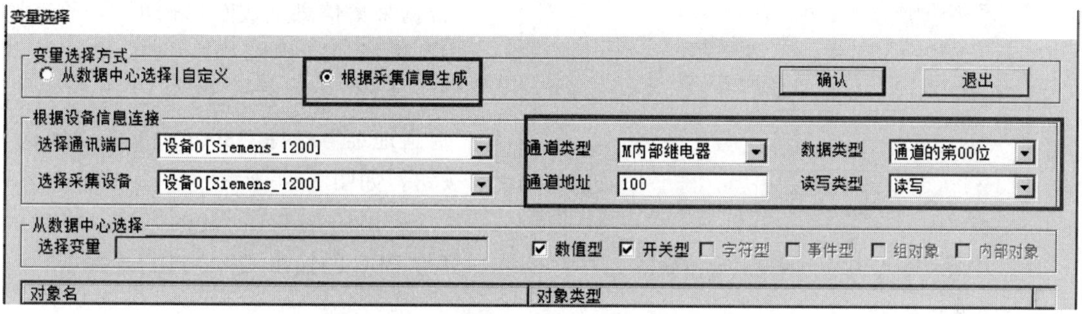

图 3.41 设置采集信息生成选项 1

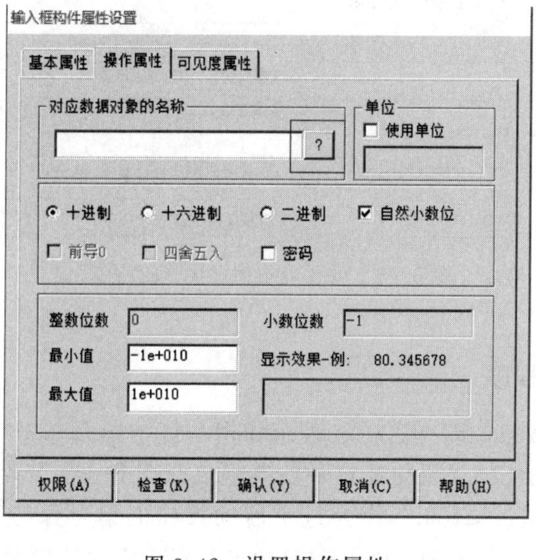

图 3.42 设置操作属性

图 3.43 设置采集信息生成选项 2

图 3.44 设置显示输出属性

双击标签构件图标,打开"标签动画组态属性设置"对话框,进入"显示输出"选项卡,"输出值类型"选择"数值量输出"单选项,单击 ? 按钮打开"变量选择"对话框,如图 3.44 所示。

在"变量选择"对话框中,选择"根据采集信息生成"单选项,"通道类型"选择"M 内部继电器","数据类型"选择"32 位无符号二进制数","通道地址"选择"300",单击"确认"按钮,如图 3.45 所示。

采用任务 3.1 所述的方法,将指示灯与 PLC 的输出 Q0.0 进行连接。

图 3.45 设置采集信息生成选项 3

3.2.3 PLC 控制程序

按下触摸屏的启动按钮,即可启动定时器和指示灯,如图 3.46 所示。触摸屏的启动按钮是通过 M100.0 进行通信的,要想让这种状态一直保持下去,需要置位 M100.7。M100.0 就是触摸屏上的启动按钮;M100.7 作为这个启动按钮的信号保持,用于对定时器持续供电。按下启动按钮的同时,要接通 Q0.0 和启动定时器。定时器定时的时间是由触摸屏的输入框输入的，它与输入框关联为同一变量。也就是说，M 区的四个字节 MD200 是 HMI 输入的一个定时时间。定时器当前的工作时间需要显示到触摸屏上，就是标签的显示输出，它对应 MD300，作用是显示定时器的当前时间。当定时时间到则要关掉 PLC 的 Q0.0 输出，也就是关掉 M100.7。而它的输出要复位，选择 R 复位 M100.7。

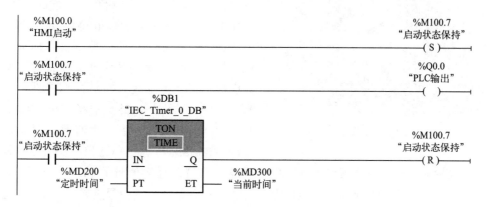

图 3.46　PLC 控制程序

【任务实施】

第一步：新建人机交互界面，打开 MCGS 组态软件。单击"文件"→新建工程选项，触摸屏类型选择"TPC7062TI"。添加设备，在"设备窗口"中双击"设备窗口"图标，将西门子1200 添加到"设备窗口"中。双击设备 0，设置其 IP 地址，触摸屏的 IP 地址设置为"192.168.0.23"，PLC 的 IP 地址（即远端 IP 地址）设置为"192.168.0.13"，单击"确认"按钮后，直接关掉"设备窗口"，如图 3.47 所示。

图 3.47　设置远端 IP

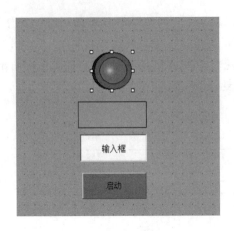

第二步：在工作台的"用户窗口"中新建窗口，双击窗口0，打开界面设置。根据任务要求，添加输入框，用于输入定时器的时间，如图3.48所示。利用标准按钮作为定时器的启动按钮。利用标签构件显示系统当前的计时时间。添加指示灯，用来显示输出Q0.0的状态。

图3.48 制作人机界面

第三步：设置构件参数。双击标准按钮构件，打开其属性设置对话框。按钮的名称设置为启动，颜色为绿色，在"操作属性"中勾选"数据对象值操作"，类型选择"按1松0"。打开与PLC内部寄存器关联的数据对象，选择"根据采集信息生成"单选项。双击输入框构件打开属性设置对话框，在"操作属性"中，单击 ? 设置传递数值量的PLC内部元件，选择"根据采集信息生成"单选项。选择地址为200的M区存储器，其中最重要的一步是设置数据的类型，选择"32位无符号二进制数"。设置完毕，即完成了人机交互界面的设计。

第四步：编写PLC程序。双击图标，打开博途软件。创建新项目，进入设备组态，添加新设备。PLC类型选择S71200系列，CPU类型选择1215C DC/DC/DC。双击PLC进行参数组态设置，"以太网地址"选择"192.168.0.13"，启用系统和时钟存储器，"连接机制"勾选"允许来自远程对象的PUT/GET通信访问"复选框。

第五步：打开程序块中的Main进行程序的编写，然后编译PLC硬件和软件。如没有错误，则重新下载。下载完成后，将PLC转至在线监控模式。返回组态软件中，单击下载工程并选择模拟运行。利用计算机来控制PLC，调出模拟运行环境，如图3.49所示。

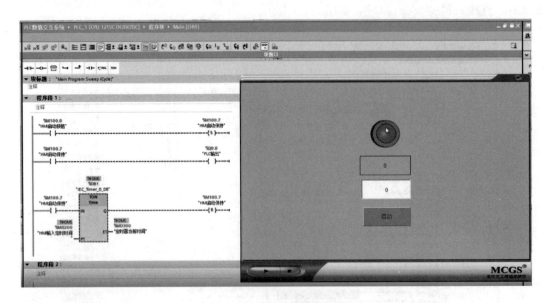

图3.49 下载工程模拟运行

设置定时器的定时时间，在触摸屏输入5000，可以看到在定时器的PT端已经设置好了5000（也就是5s）。按下启动按钮，指示灯亮，5s后自动熄灭。

【任务评价】

班级：_____　　姓名：_____　　学号：_____　　时间：_____

序号	评价内容	评价要点	分值	得分
1	人机交互界面设计	能正确设计输入框构件	10	
2		能正确设计标签构件	10	
3		能正确建立组态工程	5	
4		能正确设置 PLC 类型	5	
5	PLC 程序编写	能创建 PLC 工程	10	
6		能正确选择 PLC 型号	10	
7		能正确设置 PLC 地址	10	
8		能正确编写梯形图程序	10	
9		能修改 PLC 变量名称	10	
10	调试运行	能模拟运行上位机	10	
11		接线标准，线号齐全	10	
		合计得分		

教师点评

【课后练习】

班级：_____　　姓名：_____　　学号：_____　　时间：_____

练习题目	设计人机交互界面，一个输入框构件，四个指示灯。当输入1时，点亮第1个灯；输入2时，点亮第2个灯；输入3时，点亮第3个灯；输入4时，点亮第4个灯；输入0时，灯灭
I/O 接线图	
梯形图程序	

任务 3.3　简易计算器设计

本任务利用 MCGS 组态软件和 PLC 设计一个简易四则计算器，旨在讲解 PLC 内部加、减、乘、除指令的使用方法和 MCGS 人机界面的设计方法。重点理解 S7-1200 CPU 数据块中变量的创建和调用方法。

【任务目标】

① 掌握 PLC 加、减、乘、除指令的用法；
② 掌握 PLC 数据块及数据变量的创建；
③ 能够设计 PLC 人机界面；
④ 能够调试 PLC 与人机界面系统；
⑤ 培养良好的职业道德修养，能遵守职业道德规范。

【任务描述】

用 MCGS 组态软件设计计算器人机界面，主要采用输入框构件来输入需要运算的数据，利用标准按钮构件设计加、减、乘、除操作按钮，利用标签构件显示运算结果。编写 PLC 程序实现两个数的加、减、乘、除运算。

简易计算器设计

【任务资讯】

3.3.1　PLC 简单运算指令

西门子 S7-1200 系列 PLC 的简单运算指令包括加 ADD、减 SUB、乘 MUL、除 DIV、取余数 MOD、求补码 NEG、递增 INC、递减 DEC、绝对值 ABS 等。本任务中主要介绍加、减、乘、除指令，其他指令可以参考手册查阅其使用方法。

加、减、乘、除指令如图 3.50 所示。

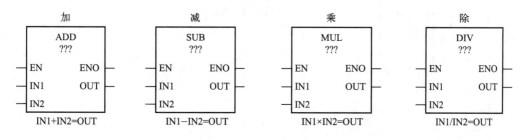

图 3.50　加、减、乘、除指令

① ??? 可选数据类型为 SInt、Int、DInt、USInt、UInt、UDInt、Real、LReal。
② IN1、IN2 和 OUT：具有相同的所选数据类型的变量或常量。
③ 指令执行时，将输入参数 IN1、IN2 分别进行加、减、乘、除运算，结果送到输出参数 OUT 中。对于各种整型数据的除运算，只得到商。

3.3.2 人机交互界面设计

利用 MCGS 组态软件输入框构件设计两个输入框，用于输入运算的数据。利用标准按钮构件设计四个按钮，分别操作运算的指令。利用标签构件输出显示功能显示运算的结果。设计的人机界面如图 3.51 所示。

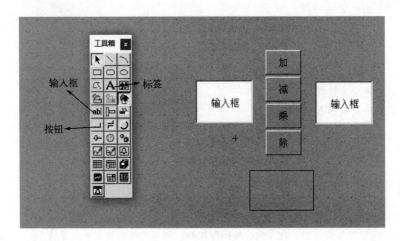

图 3.51　制作计算器人机界面

3.3.3 PLC 控制程序

加、减、乘、除指令应用梯形图如图 3.52 所示。

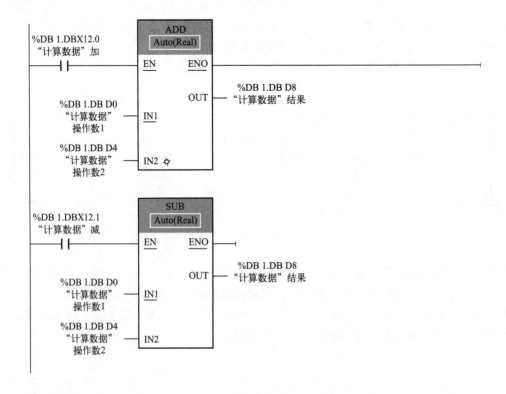

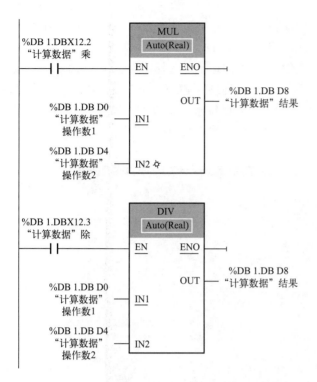

图 3.52 加、减、乘、除指令应用梯形图

【任务实施】

第一步：打开 MCGS 组态软件，新建工程如图 3.53 所示，触摸屏类型选择"TPC7062TI"，"背景色"选择默认。在"设备窗口"中添加西门子 1200 PLC。双击设备工具箱中的西门子 1200，将其添加到"设备窗口"中，双击设备 0，打开设备编辑窗口。输入触摸屏的 IP 地址为"192.168.0.23"，PLC 的地址为"192.168.0.13"。打开"用户窗口"，新建窗口，双击窗口 0，打开界面设计窗口。利用输入框工具设计两个数值，用于传输计算数值。利用标准按钮设计四个按钮，作为进行加、减、乘、除运算功能按钮。利用标签构件输出计算的结果。

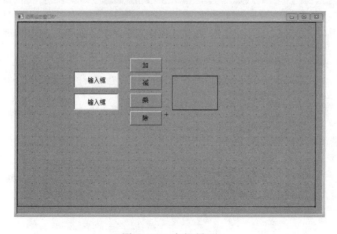

图 3.53 人机界面

第二步：打开博途软件，创建新项目，命名为简易计算器。创建完成后对设备进行组态。PLC 类型选择 1200 系列，CPU 选择 1215C DC/DC/DC，订货号选择 6ES7 215-1AG40-0XB0。双击 PLC 图标，设置其参数，"以太网地址"选择"192.168.0.13"，启用系统和时钟存储器，"连接机制"勾选"允许来自远程对象的 PUT/GET 通信访问"复选框。

第三步：打开 Main 程序块，采用 PLC 数据块形式的变量。双击"添加新块"，打开"添加新块"对话框，选择"数据块"图标，将名称修改为计算器数，如图 3.54 所示。

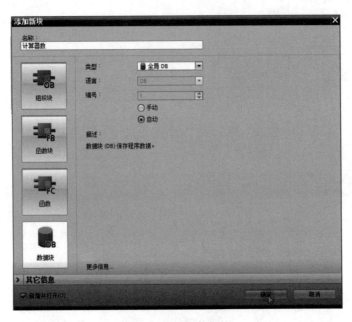

图 3.54 添加数据块

第四步：建立变量名称。第一个变量命名为操作数 1，数据类型选择 Real；第二个变量命名为操作数 2，数据类型为 Real；第三个变量命名为结果，数据类型是 Real。新增四个变量，依次为加、减、乘、除，数据类型选择 Bool。PLC 变量的定义如图 3.55 所示。

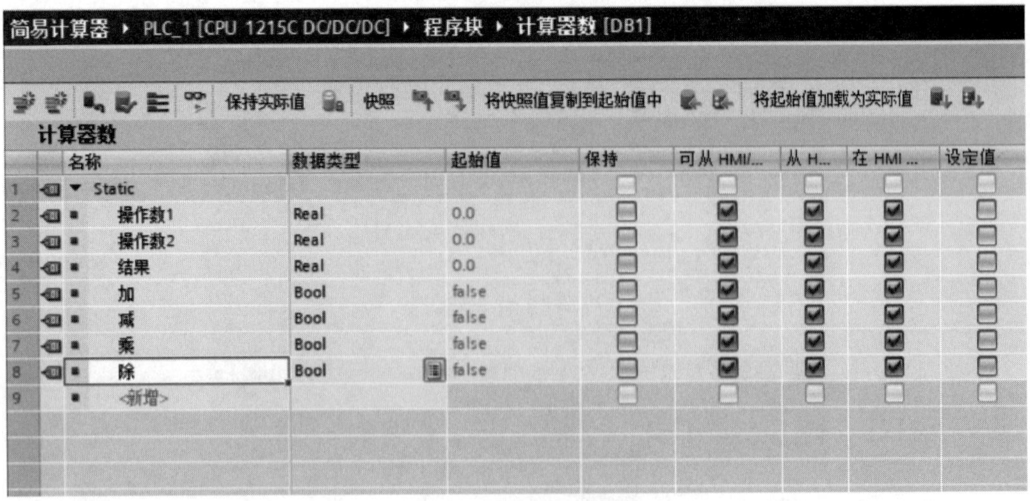

图 3.55 PLC 变量的定义

第五步：变量建立完毕，在"数据块"图标上使用鼠标右键单击选择"属性"选项，取消勾选"优化的块访问"复选框，如图 3.56 所示。

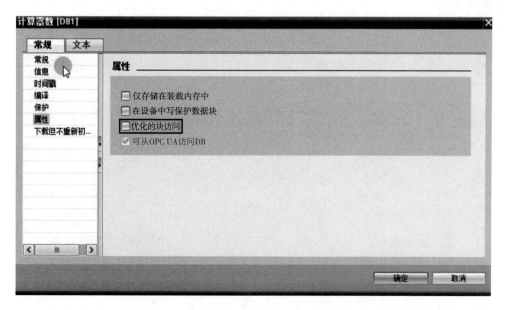

图 3.56　数据块的属性选择

第六步：按照例程编写 PLC 程序，进行 PLC 软硬件组态编译。下载完成后，将设备"转至在线"，启用监视功能。返回组态软件，单击下载工程并进入模拟运行环境，打开组态仿真环境，如图 3.57 所示。

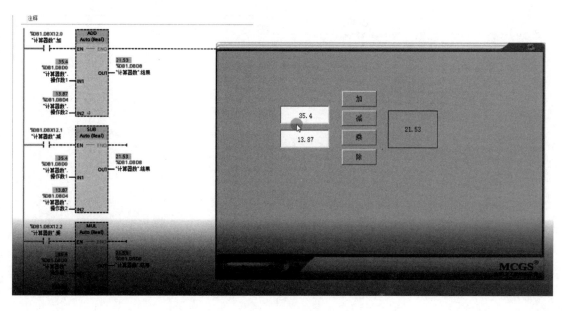

图 3.57　下载工程模拟运行

分别输入"35.4"和"13.87"，进行四则运算，当两个数相加，结果为 49.27。

学习笔记

【任务评价】

班级：_____　姓名：_____　学号：_____　时间：_____

序号	评价内容	评价要点	分值	得分
1	人机交互界面设计	能正确设计标准按钮构件	10	
2		能正确设计标签输出构件	10	
3		能正确建立组态工程	5	
4		能正确设置 PLC 类型	5	
5	PLC 程序编写	能创建 PLC 工程	10	
6		能正确选择 PLC 型号	10	
7		能正确设置 PLC 地址	10	
8		能正确编写梯形图程序	10	
9		能修改 PLC 变量名称	10	
10	调试运行	能模拟运行上位机	10	
11		能模拟四则计算器功能	5	
12		操作过程符合规范	5	
		合计得分		

教师点评

【课后练习】

班级：_____   姓名：_____   学号：_____   时间：_____

练习题目	设计人机交互界面，通过滑动输入器设置 PLC 定时器时间，该时间就是四个指示灯循环点亮的时间间隔
I/O 接线图	
梯形图程序	

项目4

温度采集系统设计

温度是自然界中和人类接触最多的物理参数之一,无论是在生产实验场所,还是在居住休闲场所,温度的采集或控制都十分频繁和重要,由于温度不管是从物理量本身还是在实际人们的生活中都有着密切的关系,所以温度控制系统在工业控制应用非常普遍。

任务 4.1 Pt100 铂热电阻测温系统认知

Pt100 铂热电阻温度传感器是一种常用的温度传感器,可以利用导体或半导体的电阻值随温度变化而变化的原理进行测温,具有性能稳定、使用灵活、可靠性高等优点。Pt100 的阻值与温度的变化成正比。当温度为 0℃ 时,Pt100 的阻值为 100Ω;当温度为 100℃ 时,Pt100 的阻值约为 138.5Ω。

【任务目标】

① 掌握 Pt100 铂热电阻测温原理;
② 掌握热电阻温度变送器接线方法;
③ 培养钻研和创新精神。

【任务描述】

将三线制 Pt100 铂热电阻与温度变送器进行连接,给温度变送器提供 DC24V 直流电。给铂热电阻加热,测量温度变送器输出端电压变化。

【任务资讯】

4.1.1 Pt100 铂热电阻

(1) Pt100 铂热电阻引线方式

国际上 Pt100 铂热电阻的引线主要三种方式,实物如图 4.1 所示。

① 二线制。在铂热电阻的两端各连接一根导线来引出电阻信号的方式叫二线制。这种引线方法很简单,但由于连接导线必然存在引线电阻 r,r 大小与导线的材质和长度等因素有关,因此这种引线方式只适用于测量精度较低的场合。

② 三线制。在铂热电阻的根部的一端连接一根引线,另一端连接两根引线的方式称为三线制。这种方式通常与电桥配套使用,可以较好地消除引线电阻的影响,是工业过程控制

图 4.1 Pt100 铂热电阻实物

中最常用的引线电阻。

③ 四线制。在铂热电阻的根部两端各连接两根导线的方式称为四线制。其中两根引线为热电阻提供恒定电流 I，通过 R 转换成电压信号 U，再通过另两根引线把 U 引至二次仪表。这种引线方式可完全消除引线的电阻影响，主要用于高精度的温度检测。

铂热电阻采用三线制接法，目的是消除连接导线电阻引起的测量误差。这是因为测量铂热电阻的电路一般是不平衡电桥。铂热电阻作为电桥的一个桥臂电阻，其连接导线（从铂热电阻到中控室）也成为桥臂电阻的一部分，这一部分电阻是未知的且随环境温度发生变化，造成测量误差。采用三线制，将导线一根接到电桥的电源端，其余两根分别接到铂热电阻所在的桥臂及与其相邻的桥臂上，这样就消除了导线线路电阻带来的测量误差。

（2）温度变送器

温度变送器采用热电偶、热电阻作为测温元件，从测温元件输出信号送到变送器模块，经过稳压滤波、运算放大、非线性校正、V/I 转换、恒流及反向保护等电路处理后，转换成与温度呈线性关系的 4～20mA 电流信号、0～5V/0～10V 电压信号，RS-485 数字信号输出。变送器输出信号与温度变量之间有一给定的连续函数关系（通常为线性函数），本任务中所采用的温度变送器能够将 0～200℃ 的温度信号转换 0～10V 电信号。主要应用在石油、化工、化纤、纺织、橡胶、建材、电力、冶金、医药、食品等工业领域现场测温过程控制，特别适用于 PLC 测控系统，也可与仪表配套使用。

温度变送器实物如图 4.2 所示。

图 4.2 温度变送器

温度变速器共有 8 个接口，其中 2、3、4 接口用于连接热电阻；7、8 接口是电源接口，需要接入直流 24V 电源；5、6 接口是电信号输出接口，可接入西门子 S7-1200 系列 PLC 的模拟量输入端。

4.1.2 电气接线图

Pt100 铂热电阻与温度变送器电气接线图如图 4.3 所示。

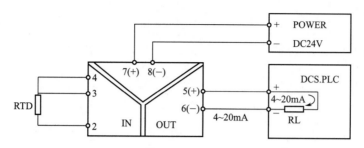

图 4.3 Pt100 铂热电阻与温度变送器电气接线图

【任务实施】

第一步：按照图 4.3 将 Pt100 铂热电阻与温度变送器连接。将 Pt100 铂热电阻的蓝色端子分别接于温度变送器的 3 和 4 接线端。将 24V 直流电源接于温度变送器的 7 和 8 接线端。注意正负极切勿接反。

第二步：接通温度变送器电源，加热 Pt100 铂热电阻，用万用表直流电压 20V 挡，测量温度变送器 5 和 6 接线端输出电压，记录温度与电压之间的线性变化关系。

学习笔记

学习笔记

【任务评价】

班级：_____　　姓名：_____　　学号：_____　　时间：_____

序号	评价内容	评价要点	分值	得分
1	温度变送器接线	Pt100 接线正确	10	
2		电源接线正确	10	
3		物品摆放整齐	5	
4		接线规范	5	
5	测量正确	20℃时电压	10	
6		30℃时电压	10	
7		40℃时电压	10	
8		50℃时电压	10	
9		100℃时电压	10	
10	6S 管理	实训台面整洁有序	10	
11		实训场所卫生整洁	10	
		合计得分		

教师点评

【课后练习】

班级：_____   姓名：_____   学号：_____   时间：_____

练习题目	画出 Pt100 铂热电阻与温度变送器输出电压关系曲线
I/O 接线图	
数据曲线图	

任务 4.2　PLC 模拟量输入组态

在 PLC 控制系统中，除了常用开关量、数值量控制方式，还有许多连续变化信号的采集与控制，这些连续变化的信号称为模拟量，如温度、压力、速度等。这些非电信号的物理量通常需要用到相应的信号调理电路将其转换为 0～10V 或 4～20mA 等标准的电信号，再送入 PLC 模拟量输入通道进行数据采集和处理。

【任务目标】

① 掌握 PLC 模拟量输入通态组态方法；
② 掌握 PLC 模拟量信号采集；
③ 掌握 PLC 模拟数据处理方法；
④ 培养良好的职业道德修养，能遵守职业道德规范。

【任务描述】

利用西门子 S7-1200 系列 PLC 自带的模拟量输入接口采集外部 0～10V 电压信号，将其转换成数据存储在 PLC 内部存储器中，编写转换程序，在人机界面显示当前电信号的电压值。

PLC模拟量输入组态

【任务资讯】

4.2.1　模拟量输入（AI）

西门子 S7-1200 系列 PLC 自带 2 路模拟量输入接口，可以采集 0～10V 电压信号。S7-1200 模拟量输入接口位置如图 4.4 所示。

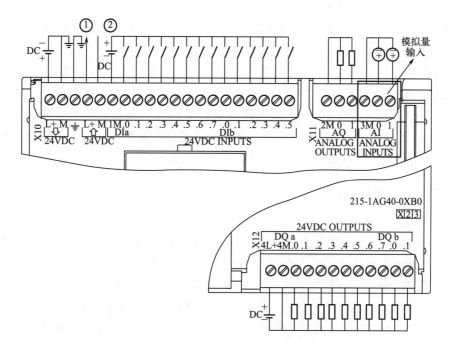

图 4.4　S7-1200 模拟量输入接口位置

图 4.4 中，模拟量输入接口位于 S7-1200 的 X11 端口，其中 3M 接口用于连接输入电压信号的负极，0 和 1 接口用于连接输入电压信号的正极。

模拟量输入的电压测量范围（CPU）如表 4.1 所示。

表 4.1　模拟量输入的电压测量范围（CPU）

系统		电压测量范围	备注
十进制	十六进制	0～10V	
32767	7FFF	11.852V	上溢
32512	7F00		
32511	7EFF	11.759V	过冲范围
27649	6C01		
27648	6C00	10V	额定范围
20736	5100	7.5V	
34	22	12mV	
0	0	0V	
负值		不支持负值	

从表 4.1 中可以看出，当输入电压信号值为 10V 时，PLC 将 10V 电压信号转换为数值 27648；当输入电压信号值为 0V 时，PLC 将其转换为数值 0。而且，电压信号与转换数值是呈线性变化的，每 1V 电压对应数值 2764.8。

4.2.2　模拟量输入组态

西门子 S7-1200 系列 PLC 自带模拟量输入，不需要进行组态，即可数据采集，但需要通过系统组态来查询采集的数据存储的位置，方便进行数据处理。

在博途软件中打开设备组态，双击 PLC 进入 PLC 常规参数设置界面，选择"AI2/AQ2"参数组下的"模拟量输入"选项，如图 4.5 所示。

从这里可以看到，通道 0 的采集数据存放地址为 IW64，通道 1 的采集数据存放地址为 IW66。需要注意的是，不同的 PLC 系统，采集数据存放的地址是不同的。例如，在模拟量输入通道 0 输入一个 5V 的电压信号，则 IW64 存放的数值为 27648÷2＝13824。

4.2.3　PLC 转换程序

模拟量输入的通道 0 采集的是电压，范围是 0～10V，通道地址是 IW64。也就是说，它会将 0～10V 的电压值转换成数字并存放在 PLC 中的 IW64 存储单元中。根据任务要求，需要将 IW64 中的数值转换成电压，显示在触摸屏上。电压值是有小数的，所以需将 IW64 的值转换成浮点数。选择转换操作中的 convert 转换指令，输入 IW64 中进行转换，并将转换的结果存于 MD100。IW64 是模拟量，是通道 0 采集得到的数据。MD100 是进行实数转换的数据。计算公式应为 IW64 除以 27648 再乘以 10。为了保证计算精度，应先计算乘法，再计算除法。首先选择数学函数中的乘指令，将 MD100 乘以 10，结果存于 MD110 存储单元

项目 4　温度采集系统设计　103

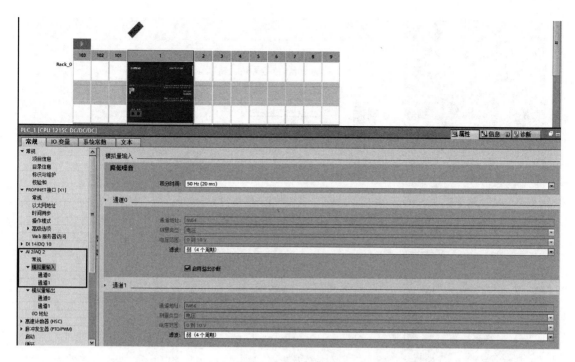

图 4.5　模拟量输入组态

中。然后，将 MD110 的数值除以 27648，将结果保存到 MD120 中，如图 4.6 所示。MD120 就是当前输入的电压值。

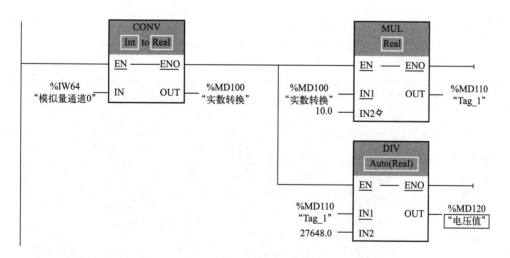

图 4.6　PLC 程序梯形图

【任务实施】

第一步：新建文件夹，用于存储 PLC 工程。双击打开博途软件，创建新项目，双击设备进行组态，单击添加新设备。设备类型选择 S7-1200，CPU 类型选择 1215C DC/DC/DC，订货号选择 6ES7215-1AG40-0XB0，如图 4.7 所示。

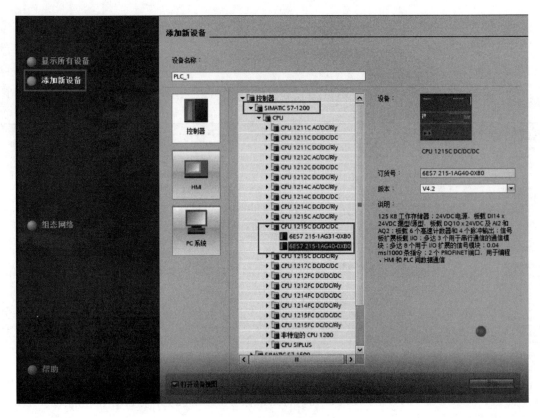

图 4.7 选择 PLC 类型

第二步：双击设备进行参数设置。"以太网地址"选择"192.168.0.13"，启用系统和时钟存储器，"连接机制"勾选"允许来自远程对象的 PUT/GET 通信访问"复选框，如图 4.8 所示。

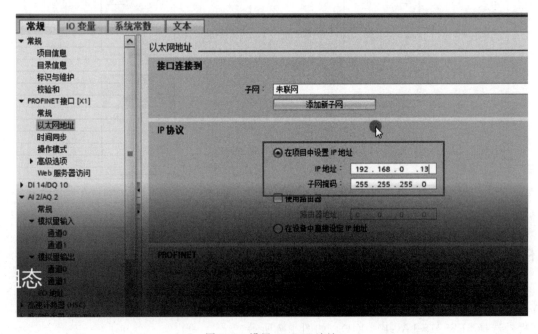

图 4.8 设置 PLC IP 地址

第三步：打开程序块中 Main 程序块，输入示例程序。设计完毕，编写触摸屏界面程序。双击打开组态软件，新建工程，触摸屏类型选择"TPC7062TI"，单击"确定"按钮。打开"设备编辑窗口"对话框，如图 4.9 所示，添加设备工具西门子 1200。双击设备 0，输入"本机 IP 地址"为"192.168.0.23"，远端 PLC 地址为"192.168.0.13"。设置完成后，关掉"设备编辑窗口"对话框。

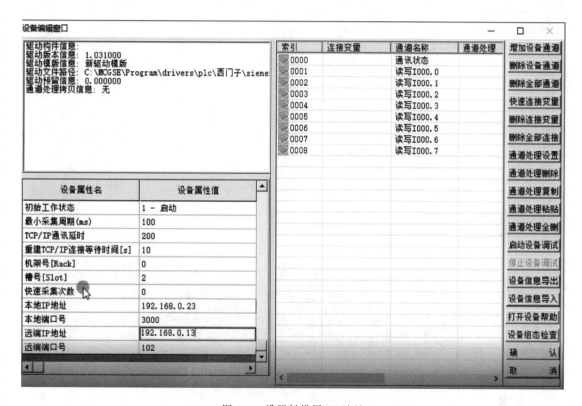

图 4.9 设置触摸屏 IP 地址

第四步：打开"用户窗口"，新建窗口后双击窗口 0 打开窗口。若想显示一个电压值，需要利用标签构件。双击标签构件，勾选显示输出功能，在显示输出功能中，输出类型选择"数字量输出"。关联对象为 MD120，如图 4.10 所示。

第五步：设置完成之后，返回博途软件。编译 PLC 硬件及软件，若没有错误，则进行下载。下载完成后，将设备"转至在线"并启用监视，如图 4.11 所示。

可以看到当前转换的电压值为 3.44，和仪表上显示的数值基本相同。

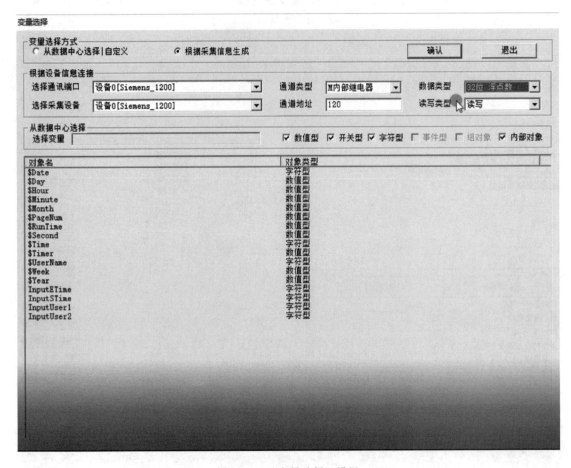

图 4.10 "变量选择"设置

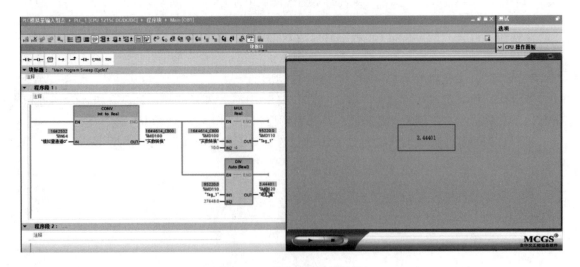

图 4.11 下载工程模拟运行

【任务评价】

班级：_____ 姓名：_____ 学号：_____ 时间：_____

序号	评价内容	评价要点	分值	得分
1	人机交互界面设计	能正确组态模拟量输入	10	
2	人机交互界面设计	能正确设计人机界面	10	
3	人机交互界面设计	能正确定义数据对象	5	
4	人机交互界面设计	能正确运行组态软件	5	
5	PLC 程序编写	能创建 PLC 工程	10	
6	PLC 程序编写	能正确选择 PLC 型号	10	
7	PLC 程序编写	能正确设置 PLC 地址	10	
8	PLC 程序编写	能正确编写梯形图程序	10	
9	PLC 程序编写	能修改 PLC 变量名称	10	
10	调试运行	能下载 PLC 程序	10	
11	调试运行	能实现模拟量输入电压转换	5	
12	调试运行	接线符合安全规范	5	
		合计得分		

教师点评：

【课后练习】

班级：_____　姓名：_____　学号：_____　时间：_____

练习题目	比较当前采集到的电压值，当电压值为 0～3V 时，启动电动机 M1；当电压值为 3～6V 时，启动电动机 M2；当电压值大于 6V 时，启动电动机 M3
I/O 接线图	
梯形图程序	

任务 4.3　温度转换程序设计

温度控制系统在很多工业控制场合都有着非常重要的应用，例如热炉内的温度控制、炼胶机温度控制系统等。采用 PLC 技术可以很方便地对工业场合的温度进行控制。

【任务目标】

① 掌握 PLC 控制系统接线方法；
② 掌握 PLC 基本指令编程方法；
③ 会设计温度比较控制梯形图程序；
④ 培养在分析问题和解决问题时学以致用和独立思考的能力。

【任务描述】

利用 Pt100 铂热电阻作为温度测量传感器，通过温度变送器，将温度值转换为电压信号，送入 S7-1200 PLC 模拟量输入通道 0。当温度在 20～25℃时，接通 PLC 的 Q0.0 输出继电器，在人机界面显示当前温度和 Q0.0 的状态。

温度转换程序设计

【任务资讯】

4.3.1　系统设计思路

任务所使用的 Pt100 的温度变送器能够将 0～200℃温度转换为 0～10V 的电压信号并呈线性变化关系，将该电压信号输入 S7-1200 PLC 的模拟量输入接口的通道 0 进行模拟量-数字量转换。由于 0～10V 的电压信号，经 PLC 模拟量输入可转换为数值 27648。所以，1℃可转换为 27648÷200＝138.24。只需要将 PLC 采集的数据除以 138.24 即可得到实际温度值。利用 PLC 的比较指令比较温度范围在 20～25 时，接通 Q0.0。

PLC 的比较指令常用的是值大小比较指令，它可以比较两个数据类型相同的数值的大小，比较类型有等于（＝＝）、不等于（＜＞）、大于等于（＞＝）、小于等于（＜＝）、大于（＞）、小于（＜）六种情况。

使用西门子 S7-1200 系列 PLC 对值进行比较时，可以从比较指令的下拉菜单中选择数据类型，支持的数据类型包括整数、双整数、实数等类型。图 4.12 说明了比较指令的工作原理。

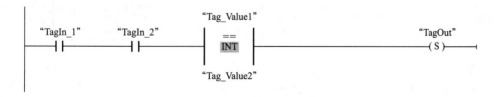

图 4.12　比较指令工作原理

满足以下条件时，将置位输出"TagOut"：
操作数"TagIn_1"和"TagIn_2"的信号状态为"1"。

如果"Tag_Value1"="Tag_Value2",则满足比较指令的条件。

4.3.2 电气接线图

PLC 采用西门子 S7-1200 系列,CPU 型号为 1215C DC/DC/DC。根据任务要求,设计电气接线图如图 4.13 所示。

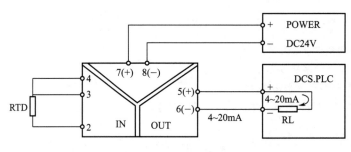

图 4.13 电气接线图

4.3.3 PLC 控制程序

由于温度控制系统模拟电压输入,连接的是 PLC 的模拟量输入通道 0,通道 0 的数据存储地址为 IW64,检测的电压范围为 0~10V。Pt100 铂热电阻通过变送器,能够将 0~200℃ 的温度转换成 0~10V 的电压,交由 PLC 的模拟量通道 0 进行数据采集,将采集的数据结果存放到 IW64。由于采集的是数值,要转换成温度,所以要编写温度转换程序,如图 4.14 所示。由于温度是有小数的,所以要经过转换函数将从输入获取的数值转换成浮点数。利用转换操作中的 convert 函数,将 IW64 转换成 Real 型,转换的结果存放于 MD100。转换完成后,根据温度转换公式应该将 MD100 的数据除以 24768,再乘以 200。为了保证计算的精度,应该先计算乘法,再计数除法。首先将 MD100 的数据乘以 200,将结果保存至 MD110 中。然后,将 MD110 中的数据除以 24768,结果存放于 MD120。MD110 的作用就是保存乘以 200 后的数据。MD120 中保存的是最终计算出来的温度结果。利用比较指令,当 MD120 大于或等于 20 并且小于 25,那么输出 Q0.0,从而完成温度转换,如图 4.14 所示。

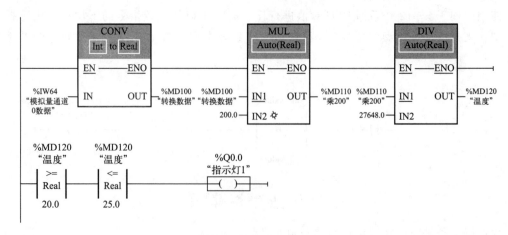

图 4.14 温度转换程序梯形图

【任务实施】

第一步：打开博途软件，创建新项目。添加新设备，PLC 类型选择 S7-1200，CPU 类型选择 1215C DC/DC/DC，订货号选择 6ES7 215-1AG40-0XB0，如图 4.15 所示。

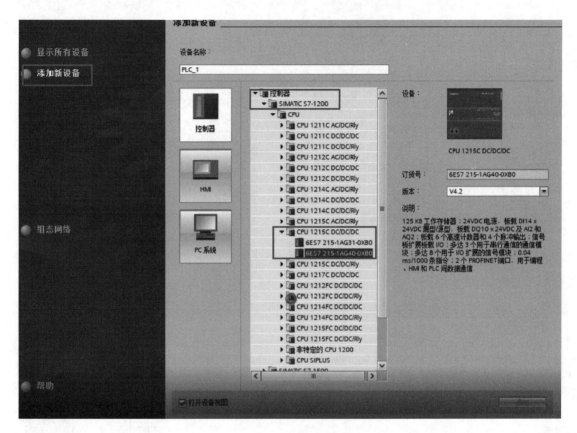

图 4.15 选择 PLC 类型

第二步：双击 PLC 设置其属性。"以太网地址"设置为"192.168.0.13"，启用系统和时钟存储器，"连接机制"勾选"来自远程对象的 PUT/GET 通信访问"复选框，如图 4.16 所示。

设置完毕，打开程序块中的 Main 程序块。输入示例中的温度转换程序，完成后，设计人机交互界面。

第三步：双击 MCGS 组态软件，打开后新建工程，触摸屏类型选择"TPC7062TI"。单击"设备窗口"添加 PLC 设备，双击设备中的西门子 1200，双击"设备窗口"中的设备 0。输入触摸屏的地址为"192.168.0.23"，PLC 地址为"192.168.0.13"，如图 4.17 所示。

第四步：在"用户窗口"中新建窗口 0，双击打开。利用标签来显示温度的数值，插入指示灯构件，显示 Q0.0 的状态，如图 4.18 所示。

第五步：双击标签构件，勾选显示输出，设置显示输出的属性。选择数字量输出。将其与 PLC 内部的变量进行关联，温度存储于 MD120。选择 M 区 120，"数据类型"选择"32 位浮点数"。指示灯显示 Q0.0 的状态，选择 Q0.0。

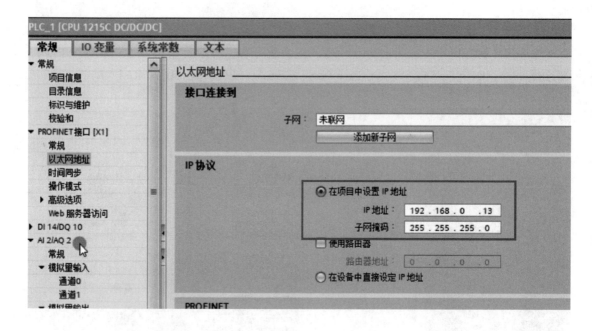

图 4.16 设置 PLC IP 地址

图 4.17 设置触摸屏 IP 地址

第六步：返回博途软件，对 PLC 程序进行编译，下载 PLC 程序，下载完成后，将 PLC 转至在线，并启用监视功能，如图 4.19 所示。

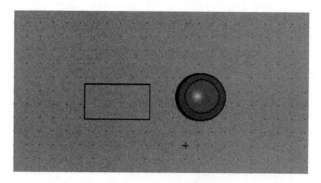

图 4.18 触摸屏界面的编辑

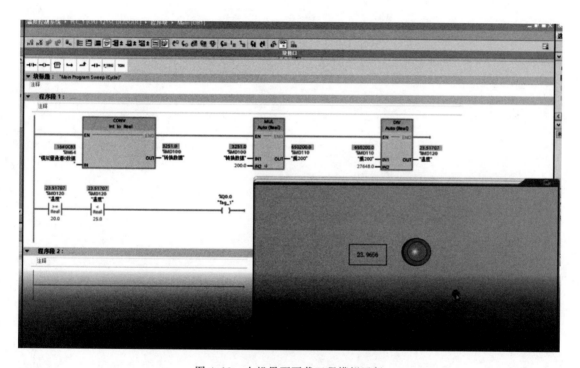

图 4.19 人机界面下载工程模拟运行

学习笔记

学习笔记

【任务评价】

班级：_____   姓名：_____   学号：_____   时间：_____

序号	评价内容	评价要点	分值	得分
1	人机交互界面设计	能正确组态模拟量输入	10	
2		能正确设计人机界面	10	
3		能正确定义数据对象	5	
4		能正确运行组态软件	5	
5	PLC 程序编写	能创建 PLC 工程	10	
6		能正确选择 PLC 型号	10	
7		能正确设置 PLC 地址	10	
8		能正确编写梯形图程序	10	
9		能修改 PLC 变量名称	10	
10	调试运行	能下载 PLC 程序	10	
11		能实现温度采集	10	
		合计得分		

教师点评：

【课后练习】

班级:_____   姓名:_____   学号:_____   时间:_____

练习题目	设计温度控制系统,当温度范围是 20~30℃时,启动电动机 M1;当温度范围是 30~40℃时,启动电动机 M2;当温度大于 40℃时,启动电动机 M3
I/O 接线图	
梯形图程序	

项目5

单相电动机控制系统设计

单相电动机是指由 220V 交流单相电源供电而运转的异步电动机。因为 220V 电源供电非常方便经济,而且家庭生活用电也都是 220V,所以单相电动机不但在生产上用量大,也与人们日常生活密切相关,尤其是随着人民生活水平的日益提高,家用电器设备的单相电动机的用量也越来越多。

在生产方面应用的单相电动机有传送带、微型水泵、磨浆机、脱粒机、粉碎机、木工机械、医疗器械等,在生活方面,有电风扇、吹风机、排气扇、洗衣机、电冰箱等。

任务 5.1 单相电动机调速器参数设置

单相电动机调速器与单相电动机连接后,可实现单相电动机缓慢加速、缓慢减速、快速停止、多段速等复杂运动控制。可外接开关控制、0～10V 模拟量控制。其中模拟量控制可自动匹配最高转速、调节控制方便。单相电动机具有堵转保护功能,防止电动机、调速器因堵转烧坏。

【任务目标】

① 掌握单相电动机调速器与电动机接线方法;
② 掌握单相电动机调速器参数设置方案;
③ 能够对单相电动机调速器进行参数设置;
④ 强化学生 6S 职业素养;
⑤ 培养团结合作意识。

【任务描述】

① 调速器连接两个按钮,分别控制单相电动机正反转,通过调速器面板旋钮调节电动机转速(正转加速时间 1s,反转加速时间 2s)。

② 调速器连接两个按钮,分别控制单相电动机正反转,通过外部 0～10V 模拟量电压调节电动机转速(正转加速时间 1s,反转加速时间 2s)。

【任务资讯】

5.1.1 SK200E 调速器

SK200E 调速器是 JSCC 公司生产的一款单相电动机调速器,采用 MCU 数字控制技术,功能丰富，性能优异。采用数显菜单式选项，修改设定方便快捷。可根据用户需要设定显示倍率，自动换算显示目标值。SK200E 调速器外观如图 5.1 所示。

5.1.2 电气接线图

SK200E 调速器具有丰富的外部接口。其中 L、N 为调速器电源，需接 220V 交流电。U1、U2、Z2 为单相电动机输出端，用于连接所控制的单相交流电动机。S1、S2 用于连接交流电动机测速器。0V、FWD、REV 用于调节电动机正反转，当 0V 与 FWD 连接时，电动机正转；当 0V 与 REV 连接时，电动机反转。M1、M2 两个端子为多功能端口，用于电动机多段速控制。AVI 端口用于输入外部 0～10V 模拟量控制电动机转速。10V 端口可提供 10V（电流最高 50mA）的电压信号用于转速调节。

图 5.1 SK200E 调速器外观

SK200E 调速器接线如图 5.2 所示。

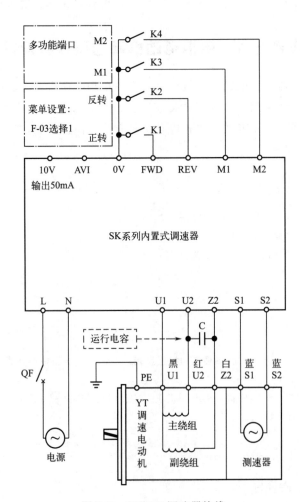

图 5.2 SK200E 调速器接线

5.1.3 参数设置

SK200E 参数设置流程可按图 5.3 所示进行。

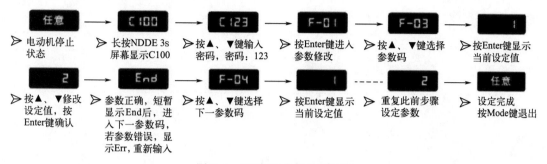

图 5.3 SK200E 参数设置流程

SK200E 调速器功能强大，参数较多，可根据需要设置相应的参数，即可改变电动机控制方式。常用以下参数。

① F-03：调节运转控制方式。设定为 1，选择正/反转；设定为 2，选择正转/停止。

② F-04：调节旋转方式。设定为 1，允许正反转；设定为 2，允许正转，禁止反转；设定为 3，允许反转，禁止正转。

③ F-06：主速调整方式。设定为 1，采用面板加减按钮调速；设定为 2，采用面板旋钮调速；设定为 3，采用外部 0~10 模拟量进行调速。

④ F-07：最高转速设定。50Hz 电源，最高转速 1400r/min。

⑤ F-08：最低转速设定。90~1000r/min。用于限制电动机最低转速，可防止电动机由于运行在低速导致速度不稳定、过热、过载。

⑥ F-09：正转启动加速时间。设置范围 0.1~10s。设定时间长，电动机启动平缓，启动时间长；设定时间短，电动机启动快、猛，启动时间短。

⑦ F-13：反转启动加速时间。设置范围 0.1~10s。设定时间长，电动机启动平缓，启动时间长；设定时间短，电动机启动快猛，启动时间短。

⑧ F-17：第一段速。闭合多功能端子 M1，电动机以该速度运行。

⑨ F-18：第二段速。闭合多功能端子 M2，电动机以该速度运行。

⑩ F-19：第三段速。同时闭合全多功能端子 M1、M2，电动机以该速度运行。

⑪ F-29：恢复出厂设置。设定为 1，不恢复；设定为 2，恢复出厂设定。

【任务实施】

① 调速器连接两个按钮，分别控制单相电动机正反转，通过调速器面板旋钮调节电动机转速（正转加速时间 1s，反转加速时间 2s）。

需要设定的参数：F-03＝1；F-04＝1；F-06＝2；F-07＝1400；F-08＝90；F-09＝1；F-13＝2。

② 调速器连接两个按钮，分别控制单相电动机正反转，通过外部 0~10V 模拟量电压调节电动机转速（正转加速时间 1s，反转加速时间 2s）。

需要设定的参数：F-03＝1；F-04＝1；F-06＝3；F-07＝1400；F-08＝90；F-09＝1；F-13＝2。

学习笔记

【任务评价】

班级：_____ 姓名：_____ 学号：_____ 时间：_____

序号	评价内容	评价要点	分值	得分
1	调速器接线	正确连接调速器电源	10	
2		正确连接电动机	10	
3		正确连接外部端子	10	
4	参数设置	能够正确设置 F-03 参数	10	
5		能够正确设置 F-06 参数	10	
6		能够正确设置 F-07 参数	10	
7		能够正确设置 F-08 参数	10	
8		能够正确设置 F-09 参数	10	
9	电动机运行	电动机正常运行	10	
10		接线准确无误，无裸露铜线	10	
		合计得分		

教师点评

【课后练习】

班级：_____　　姓名：_____　　学号：_____　　时间：_____

练习题目	设置调速器参数，使电动机采用外部模拟量调速，允许正反转控制。最高转速设置为 1000r/min，最低转速为 100r/min。加速时间 1s，减速时间 0.5s
调速器接线图	
参数设置	

任务 5.2 PLC 模拟量输出组态

PLC 模拟量输出模块又称 D/A 模块，它把 PLC 的 CPU 送往模拟量输出模块的数字量转换成外部设备可以接收的模拟量（电压或电流）。模拟量输出一般用于控制工业现场的执行器。常见的有电动执行机构、气动执行机构、变频器、调速器等，如调节阀门的开度、电动机速度等，实现自动控制过程。

【任务目标】

① 掌握 PLC 模拟量输出通道组态方法；
② 掌握 PLC 模拟量输出编程方法；
③ 能够将数字控制 PLC 模拟量输出；
④ 具有精益求精的工匠精神。

【任务描述】

利用 S7-1200 自带的模拟量输出接口，输出信号为 0~20mA，编写程序调整输出电流值，并利用直流信号隔离器将其转换为 0~10V 电压信号。要求利用 HMI 输入框构件输入想要输出的电压值，按下 HMI 启动按钮，即可输出相应电压值。

PLC模拟量输出组态

【任务资讯】

5.2.1 模拟量输出（AQ）

S7-1200 自带 2 路模拟量输出接口，可以由数字控制输出 0~20mA 电流信号。S7-1200PLC 模拟量输出接口位置如图 5.4 所示。

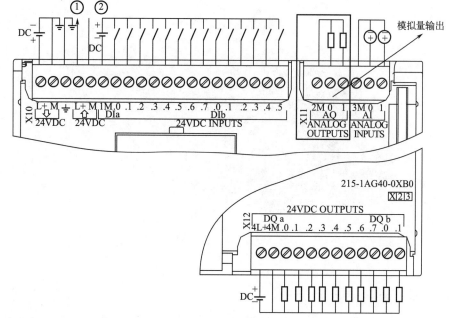

图 5.4 S7-1200 PLC 模拟量输出接口位置

图 5.4 中，模拟量输出接口位于 S7-1200 输入 X11 端口，其中 2M 接口用于连接输出电流信号的负极，0 和 1 用于输出电流信号的正极。

模拟量输出规格（CPU）如表 5.1 所示。

表 5.1 模拟量输出规格（CPU）

技术数据	说明	技术数据	说明
输出点数	2	上溢范围	参见脚注①
类型	电流	上溢范围数据字	32512～32767
满量程范围	0～20mA	分辨率	10 位
满量程范围（数据字）	0～27648	输出驱动阻抗	最大 500Ω
过冲范围	20.01～23.52mA	隔离（现场侧与逻辑侧）	无
过冲范围（数据字）	27649～32511	精度［25℃/(－20～60℃)］	满量程的 3.0%/3.5%

① 在上溢情况下，模拟输出的行为将符合设备组态属性设置。在"对 CPU STOP 的响应"参数中，选择其中一项：使用替换值或保持上一个值。

从表 5.1 可以看出，当 PLC 为模拟量输出通道所对应的寄存器送入数字 27648 时，模拟量输出 20mA；当送入数字 0 时，模拟量输出 0mA。转换数值与输出电流信号之间是成线性变化的。

5.2.2 直流信号隔离器

S7-1200 PLC 自带模拟量输出（AQ）只能输出 0～20mA 的电流信号，若要输出 0～10V 电压信号，则可在输出端并联 500Ω 的电阻，但输出精度受电阻精度影响较大，如果提高转换精度，则需用到直流信号隔离器。直流信号隔离器如图 5.5 所示。

图 5.5 0～20mA 转 0～10V 直流信号隔离器

5.2.3 移动指令 MOVE

移动指令将数据元素复制到新的存储器地址，并从一种数据类型转换为另一种数据类型，移动过程不会更改元数据。移动 MOVE 指令用于将输入处操作数中的内容传送给输出的操作数中。始终沿地址升序方向进行传送。

图 5.6 说明了 MOVE 指令的工作原理。

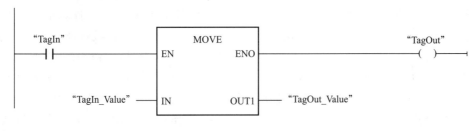

图 5.6 MOVE 指令

如果操作数"TagIn"返回信号状态"1"，则执行 MOVE 指令。MOVE 指令将操作数"TagIn_Value"的内容复制到操作数"TagOut_Value"中，并将"TagOut"的信号状态置位为"1"。

5.2.4 模拟量输出组态

对于 S7-1200 PLC 自带模拟量输出，不需要组态，即可进行数模转换输出标准电流信号，但需要通过系统组态来查询数据转换寄存器所存放的存储位置，以便进行数据处理。

在博途软件中打开设备组态，双击 PLC 进入 PLC 常规参数设置界面，选择"AI2/AQ2"参数组下的"模拟量输出"，如图 5.7 所示。

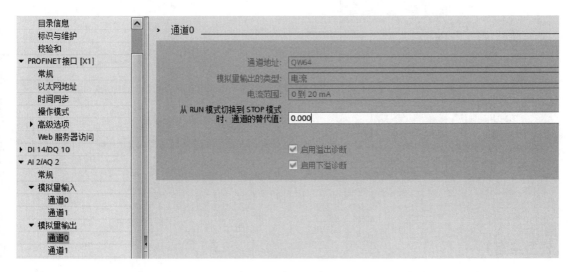

图 5.7 模拟量输出配置

从这里可以看到，通道 0 的数值转换通道地址为 QW64，通道 1 的数值转换通道地址为 QW66。需要注意的是，不同的 PLC 系统，采集数据存放的地址是不同的。例如，若想在模拟量输出通道 0 输出 10mA 的电流信号，那么需要将 13824 数据存放至 QW64 存储器中。

5.2.5 PLC 转换程序

需要转换的电压值等于输入的电压值乘以 27648 再除以 10。首先利用乘法指令计算输入的电压值乘以 27648 的数值。由于输入的电压值是小数,所以使用 MD100 这个存储器。输入的电压值从触摸屏的输入框输入。计算的数值类型应为 Real 型,计算的结果保存至 MD110。计算完成之后,需要进行除法运算。在基本指令中,数学函数选择除法 DIV 指令,将 MD110 中的数值除以 10,将结果保存至 MD120。MD120 存储的数值即为转换输入电压所相应的 QW64 中的数值。由于 QW64 是整型数据,有两个字节,MD120 为 Real 型数据有四个字节,还需进行转换,将任务型数据转换为整型数据。利用基本指令中的转换操作中的 convert 指令进行数据转换,将 MD120 中的数据转换到 MW130 当中。输入的数据为 Real 型,输出的数据为 Int 型。当进行电压转换时,只需将转换的数据存放于 MW130 即可。添加一个常开触点输入 M200.0,它代表触摸屏中的启动转换按钮,按一下触摸屏的启动转换按钮,直接将 MW130 中的数据传输给 QW64,即可完成转换,如图 5.8 所示。

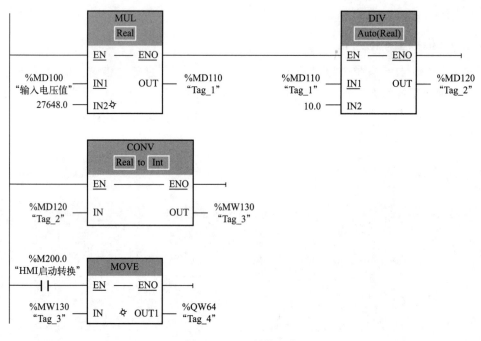

图 5.8 PLC 转换程序

【任务实施】

第一步:打开博途软件,创建新项目。项目名称设置为 PLC 模拟量输出组态。组态设备,添加新设备,PLC 类型选择 S7-1200,CPU 类型选择 1215C DC/DC/DC,版本号选择 6ES7 215-1AG40-0XB0,如图 5.9 所示。

第二步:双击 PLC 设置其参数。首先设置"以太网地址"为"192.168.0.13",启用系统和存储器时钟,在"连接机制"中,勾选"允许来自远程对象的 PUT/GET 通信访问"复选框,如图 5.10 所示。

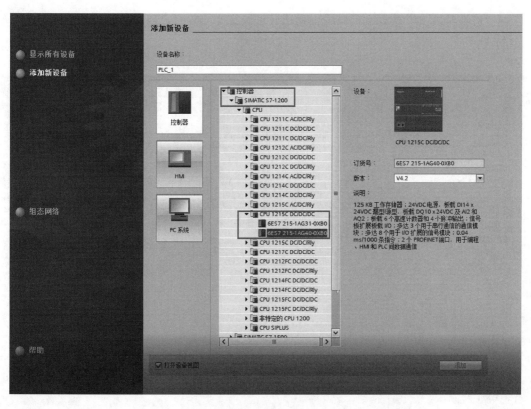

图 5.9 PLC 型号选择

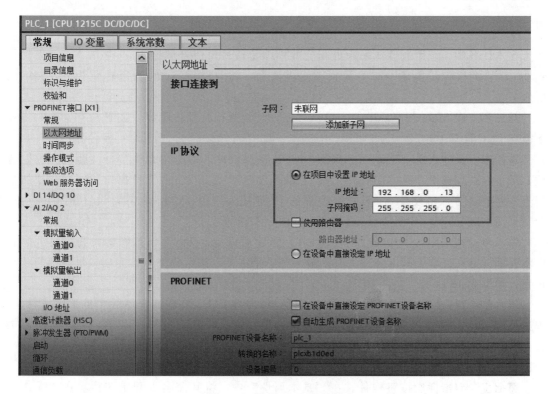

图 5.10 设置 PLC IP 地址

在"模拟量输出"参数中可以查询通道 0 的地址为 QW64,通道 1 的地址为 QW66,如图 5.11 所示。

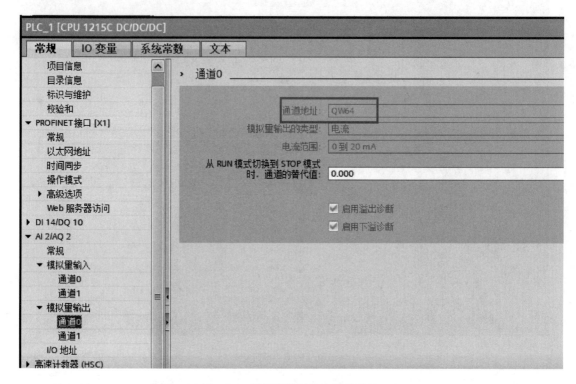

图 5.11　配置模拟量输出通道地址

在本任务中,使用通道 0 来输出相应的模拟量信号,信号类型为 0~20mA。如果想得到 0~10V 的模拟量电压,需要用到直流隔离器,将 0~20mA 的电流转化为 0~10V 的电压。

第三步:在 Main 程序块中输入示例程序,对其进行软硬件编译,如果没有错误,将其下载到 PLC 设备中。

第四步:设计人机交互界面。双击 MCGS 组态软件,单击"文件"→"新建工程"选项,触摸屏类型选择"TPC7062TI"。在"设备窗口"中,双击"设备窗口"图标。添加西门子 1200PLC,双击设备 0。设置触摸屏的 IP 地址为"192.168.0.23",设置 PLC 的地址为"192.168.0.13"。关闭"设备窗口",如图 5.12 所示。

第五步:在工作台中选择"用户窗口",新建窗口 0,双击窗口 0 图标,将其打开。利用输入框构件在屏幕上画出合适大小的输入框。单击标准按钮构件,作为模拟量输出的转换按钮,如图 5.13 所示。

第六步:双击输入框对 PLC 内部的编程元件进行关联。在输入框属性中打开操作属性,单击 ? 按钮,选择"根据采集信息生成"单选项,输入的地址为 M 存储器,输入电压值保存到 MD100 当中。通道的地址为 100,因为电压值可以有小数,数据的类型选择浮点数,如图 5.14 所示。

第七步:双击标准按钮构件,在"基本属性"中,将其命名为开始转换。在"操作属性"中,勾选"数据对象值操作"复选框,类型设置为"按 1 松 0",如图 5.15 所示。

图 5.12 设置触摸屏参数

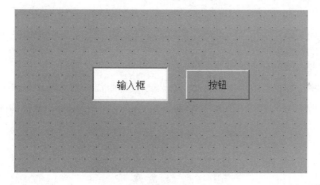

图 5.13 设计人机交互界面

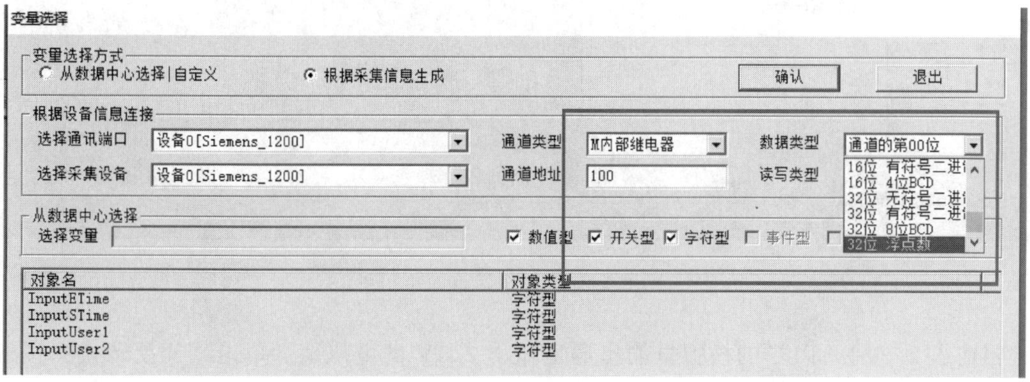

图 5.14 关联数据对象

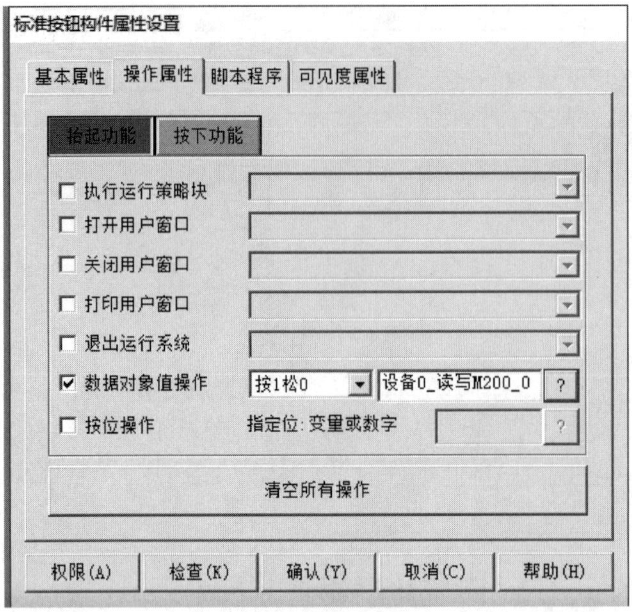

图 5.15 设置按钮属性

第八步：所关联的数值量对象为根据信息采集生成 M 区存储器 200 的第 0 位。下载当前的工程环境并进入模拟运行环境，选择模拟运行，如图 5.16 所示。

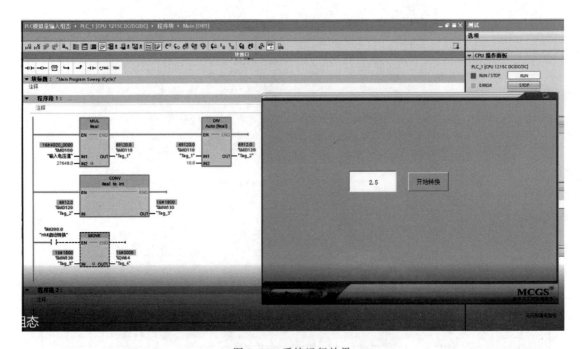

图 5.16 系统运行效果

当输入 2.5 时，PLC 的模拟量输出通道输出 2.5V 的电压值。单击"开始转换"按钮，可以看到万用表指示的是 2.5V。在输入 3.75 时单击确定，单击"开始转换"按钮，可以看到万用表输出的电压值为 3.75V。

【任务评价】

班级：_____ 姓名：_____ 学号：_____ 时间：_____

序号	评价内容	评价要点	分值	得分
1	PLC 硬件接线	正确连接 PLC 电源	10	
2		正确连接直流信号隔离器	10	
3		会用万用表测量输出电压	5	
4		能正确连接 PLC 下载线	5	
5	PLC 程序编写	能创建 PLC 工程	10	
6		能正确选择 PLC 型号	10	
7		能正确设置 PLC 地址	10	
8		能正确编写梯形图程序	10	
9		能正确设置 AQ	10	
10	人机界面设计	能正确设计人机交互界面	10	
11		能够转换准确电压值	10	
		合计得分		

教师点评

【课后练习】

班级：_____ 姓名：_____ 学号：_____ 时间：_____

练习题目	设置 HMI 界面，利用旋钮转入器构件调节 AQ 输出电压值
HMI 界面	
PLC 程序	

任务 5.3 单相电动机调速程序设计

在工业控制场合,经常要对单相电动机进行调速。特别是自动调速,这就需要使用 PLC 模拟量输出对电动机数字量进行调速。

【任务目标】

① 掌握 PLC 模拟量输出对单相电动机调速方法;
② 掌握 PLC 编程方法;
③ 能够完成单相电动机调速系统设计;
④ 具有认真、严谨的工作态度。

【任务描述】

利用 MCGS 组态软件设计人机交互界面,界面包含正转按钮、反转按钮、停止按钮、加速按钮、减速按钮,以及电动机正反转状态指示灯。当按下正转按钮时,电动机正转;当按下反转按钮时,电动机反转。当按下加速按钮时,电动机转速提高 100r/min;当按下减速按钮时,电动机转速降低 100r/min。

单相电动机调速程序设计

【任务资讯】

5.3.1 系统设计思路

根据任务 5.1 可知,单相电动机调速器可通过 0~10V 模拟量电压进行速度调整。当调速器 AVI 接口输入电压为 0V 时,电动机以 90r/min 速度运行;当调速器 AVI 接口输入电压为 10V 时,电动机以 1400r/min 速度运行,故可用 PLC 模拟量输出产生 0~20mA 电流信号,再使用直流信号隔离器将 0~20mA 电流信号转换为 0~10V 电压信号,输入电动机调速器 AVI 端口,这样就可以利用 PLC 数字量控制电动机转速。

5.3.2 人机交互界面设计

PLC 采用西门子 S7-1200 系列,CPU 型号为 1215C DC/DC/DC。根据任务要求,设计人机交互界面,如图 5.17 所示。

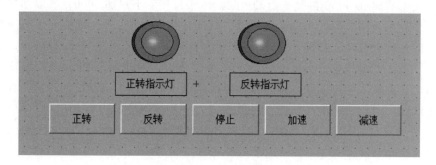

图 5.17 人机交互界面

5.3.3 PLC 控制程序

编写电动机正反转及停止控制程序。M100.0 作为电动机正转的启动信号，Q0.0 用于输出控制电动机正转，添加常闭点 M100.2，作为电动机的停止按钮。采用同样的方式来设置电动机反转，M100.1 用于控制反转启动，Q0.1 用于控制反转的输出，添加 Q0.1 的自锁触点。添加 M100.2 的常闭触点作为控制反转的停止。正转与反转不能同时进行，还需要增加相应的互锁触点。在 Q0.0 的支路上增加 Q0.1 的常闭触点。在 Q0.1 的支路上增加 Q0.0 的常闭触点。这段程序主要负责控制电动机的正反转及停止，如图 5.18 所示。

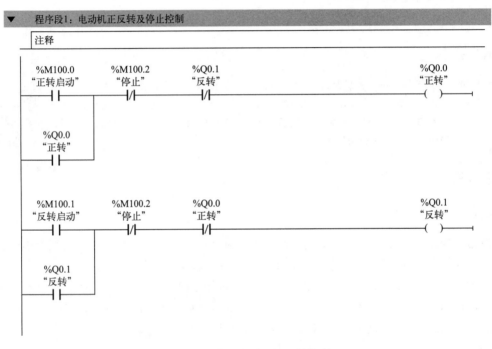

图 5.18 直流电动机正反转控制

设计电动机的转速调整程序，如图 5.19 所示。添加一个常开触点，输入 M110.0 作为加速按钮启动信号。每按一下加速按钮，让 PLC 的 QW64 增加数值 1000。拖曳数学函数中的加指令，使 QW64 加 1000 再赋值给 QW64。由于每按一下只加 1000，所以加速按钮应选择上升沿指令。采用同样的方式来设置减速，减速按钮是 M110.2。每按一下减速按钮，让 QW64 内部的数值进行减法计算，结果再赋值给 QW64，由于每按一下减 1000，所以减速按钮也应该使用上升沿指令。当更改了 QW64 中的数值，即改变了 PLC 模拟量输出端口的电压值。当电压值输入调速器中，调速器即可根据电压值来改变电动机的转速。在进行加速操作时，不能超出电动机的最高转速。也就是说，QW64 不能超过 27648，所以应该增加比较的条件。当 QW64 小于或等于 27000 时，方可进行加操作；当 QW64 大于或等于 0 时，方可进行减速操作。

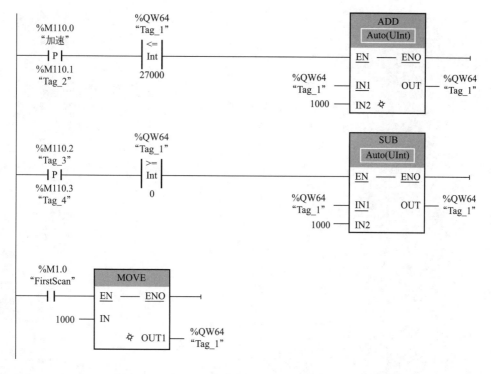

图 5.19 直流电动机调速程序

【任务实施】

第一步：新建一个文件夹，用于保存 PLC 工程文件。打开博途软件，创建新项目，项目名称为单向电动机调速系统，保存在新建立的文件夹下，单击"创建"按钮，如图 5.20 所示。

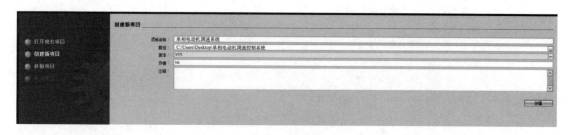

图 5.20 创建 PLC 工程

第二步：进行设备组态，添加新设备。PLC 类型选择 S7-1200，CPU 类型选择 1215C DC/DC/DC，订货号选择 6ES7 215-1AG40-0XB0，如图 5.21 所示。

第三步：双击 PLC 进行属性设置。"以太网地址"设置为"192.168.0.13"，启用系统和时钟存储器，"连接机制"勾选"允许来自远程对象的 PUT/GET 通信访问"复选框，模拟量输出通道的地址为 QW64，如图 5.22 所示。

第四步：在程序块中双击打开 Main 函数块。编写 PLC 程序，按照例程编写 PLC 的控

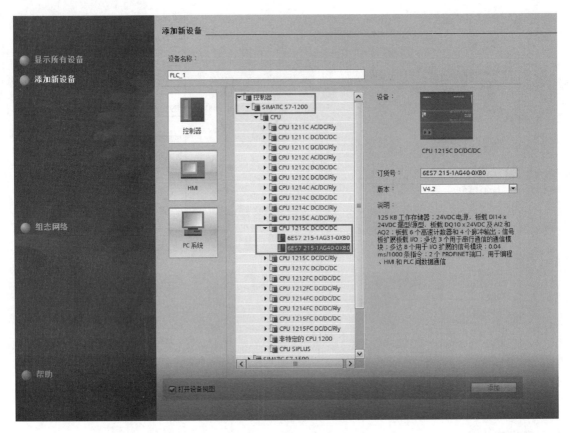

图 5.21 选择 PLC 型号

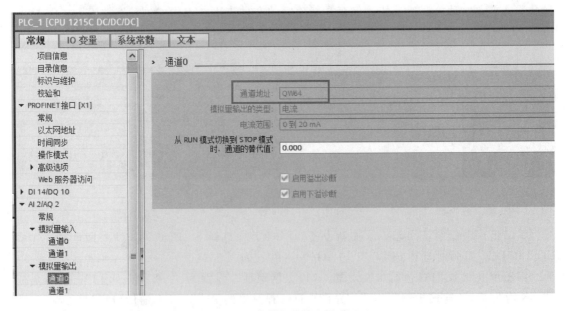

图 5.22 查询模拟量输出通道地址

制程序，对 PLC 的软件及硬件进行编译，单击"下载"按钮，将程序下载到 PLC 中。

第五步：创建人机交互界面。打开 MCGS 组态软件，单击"文件"→"新建工程"选项。触摸屏类型选择"TPC7062TI"。在"设备窗口"中打开设备窗口，添加西门子 1200PLC，双击打开设备 0。设置触摸屏的 IP 地址为"192.168.0.23"，PLC 的 IP 地址为"192.168.0.13"。单击"确认"按钮关闭设备窗口。返回"用户窗口"中，单击"新建窗口"，双击打开窗口。利用标准按钮构件在窗口中增加按钮。按住 Ctrl 键，拖曳出 5 个相应的标准按钮。插入指示灯构件，用来指示电动机的旋转方向。利用标签构件输入正转指示灯。按住 Ctrl 键拖曳正转指示灯标签，双击打开，输入"反转指示灯"，如图 5.23 所示。

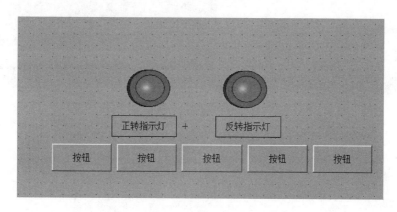

图 5.23 设置人机交互界面

第六步：双击第一个标准按钮，打开它的属性设置对话框，在"基本属性"，将其中设置为正转。在"操作属性"中勾选"数据对象值操作"复选框，"操作类型"选择"按 1 松 0"。所关联的 PLC 内部的数据对象为 M100.0。双击第二个标准按钮，在"基本属性"中，将其命名为反转，在"操作属性"中勾选"数据对象值操作"复选框，"操作类型"选择"按 1 松 0"，所关联的数据对象选择 M100.1。双击第三个标准按钮，在"基本属性"中，将其命名为停止。在"操作属性"中勾选"数据对象值操作"复选框，"操作类型"选择"按 1 松 0"，所关联的数据对象选择停止 M100.2。双击第四个标准按钮，将其命名为加速，在"操作属性"中勾选"数据对象值操作"复选框，"操作类型"选择"按 1 松 0"，所关联的数据对象为 M110.0。双击第五个标准按钮，将其命名为减速。在"操作属性"中勾选"数据对象值操作"复选框，"操作类型"为"按 1 松 0"，所关联的数据对象为 M110.2。双击正转指示灯，在"数据对象"中进行软件关联，通道地址为 Q0.0。选择反转指示灯来读取 Q0.1 的状态。

第七步：编辑好人机界面之后，单击下载工程并进入运行环境。下载完毕，单击启动运行。返回博途软件中，将 PLC"转至在线"并监视其工作状态，如图 5.24 所示。

单击正转按钮，正转已经接通。单击加速按钮，可以看到电动机在持续加速。当速度加至 27000 时，不能再进行加速。单击减速按钮，电动机速度逐渐减慢。单击停止按钮，电动机停止旋转。单击反转按钮，电动机反转运行。单击加速按钮，电动机反转速度增加。单击减速按钮，单击反转速度减少。单击停止按钮，电动机停止旋转。

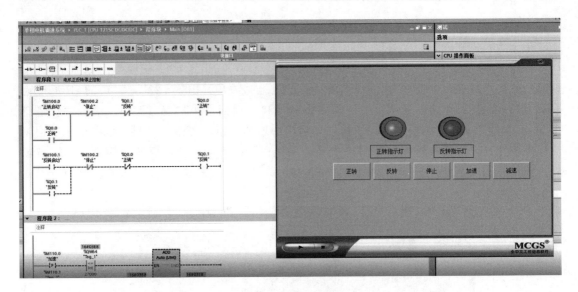

图 5.24 系统运行效果

学习笔记

【任务评价】

班级：_____　姓名：_____　学号：_____　时间：_____

序号	评价内容	评价要点	分值	得分
1	PLC 硬件接线	能正确连接按钮与 PLC 输入点	10	
2		能正确连接指示灯与 PLC 输出点	10	
3		能正确连接 PLC 电源	5	
4		能正确连接 PLC 下载线	5	
5	PLC 程序编写	能创建 PLC 工程	10	
6		能正确选择 PLC 型号	10	
7		能正确设置 PLC 地址	10	
8		能正确编写梯形图程序	10	
9		能修改 PLC 变量名称	10	
10	调试运行	可调节电动机正反转	10	
11		可对直流电动机进行调速	10	
		合计得分		
教师点评				

【课后练习】

班级：_____　　姓名：_____　　学号：_____　　时间：_____

练习题目	设计 PLC 程序，单相交流电动机以 500r/min 速度正转 10s，停 5s，再以 600r/min 速度反转 10s，停 5s，周期运行
HMI 界面	
PLC 程序	

任务 5.4 编码器控制系统设计

编码器用于测量速度、位置、角度等物理量。它是把机械位移量转换成一串数字脉冲信号的旋转式传感器,这些脉冲能用来控制角位移。如果编码器与齿轮条或螺旋丝杠结合在一起,也可用于测量直线位移。编码器产生电信号后,由数控机床 CNC、可编程逻辑控制器 PLC、控制系统等来处理。这些传感器主要应用在机床、材料加工、电动机反馈系统以及测量和控制设备。

【任务目标】

① 掌握编码器的使用方法;
② 掌握 PLC 高速计数器的使用方法;
③ 能够实现编码器对电动机位移量控制;
④ 能够有举一反三的工作态度。

【任务描述】

利用 MCGS 组态软件设计人机交互界面,界面包含启动按钮,启动新的计数值 CV 按钮,启动新的参考值 RV 按钮。可以在人机交互界面显示电动机转过的圈数。

编写 PLC 程序,实现在初始状态下,按下启动按钮,电动机转 5 圈后停止,按下 RV 按钮,电动机转 10 圈后停止。

编码器控制系统设计

【任务资讯】

5.4.1 编码器

编码器实物如图 5.25 所示。

5.4.2 高速计数器

高速计数器用于测量的计数脉冲信号超过普通计数器的测量能力或快速响应某一事件需要启用中断功能的场合。PLC 内部普通计数器的计数频率受限于 CPU 的扫描周期,而高速计数器是独立于 CPU 之外的硬件计数器。当高速计数器的计数值与设定参考值相等时,可以启用中断功能。中断功能用于快速响应某一事件。

S7-1200 系列 PLC 具有 6 个高速计数器,可测量的单相脉冲频率最高为 100kHz,双相或 A/B 相最高为 30kHz,

图 5.25 编码器实物

除用来计数外,还可进行频率测量。高速计数器可连接增量型旋转编码器,用户通过对硬件组态和调用相关指令块来使用此功能。高速计数功能所能支持的输入电压为 24VDC。

5.4.3 高速计数器寻址

CPU 将每个高速计数器的测量值存储在输入过程映像区内，数据类型为 32 位双整型有符号数，用户可以在设备组态中修改这些存储地址，在程序中可直接访问这些地址，但由于过程映像区受扫描周期影响，在一个扫描周期内，此数值不会发生变化，但高速计数器中的实际值有可能在一个周期内变化，用户可通过读取外设地址的方式读取到当前时刻的实际值。以 ID1000 为例，其外设地址为 ID1000，如表 5.2 所示。

表 5.2 高速计数器寻址表

高速计数器号	数据类型	默认地址
HSC1	Dint	ID1000
HSC2	Dint	ID1004
HSC3	Dint	ID1008
HSC4	Dint	ID1012
HSC5	Dint	ID1016
HSC6	Dint	ID1018

5.4.4 电气接线图

PLC 采用西门子 S7-1200 系列，CPU 型号为 1215C DC/DC/DC。根据任务要求，设计电气接线图如图 5.26 所示。

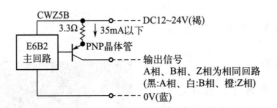

图 5.26 电气接线图

5.4.5 PLC 高速计数器组态

若想对高速计数器进行组态，首先选择高速计数器 HSC1，启用该高速计数器。"计数类型"选择"计数"，"工作模式"选择"两相位"。"初始计数方向"选择"加计数"。"初始计数器值"选择"0"。"初始参考值"选择"10000"。因为所使用的编码器每转一圈输出 2000 个脉冲，根据任务要求，初始状态需要 5 圈之后停止，所以设置初始参考值为 1000，如图 5.27 所示。

在"事件组态"中，勾选"为计数器值等于参考值这一事件生成中断"复选框，"事件名称"选择默认。"硬件中断"的名称为"电动机圈数控制"，编程语言选择 SCL。如图 5.28 所示。

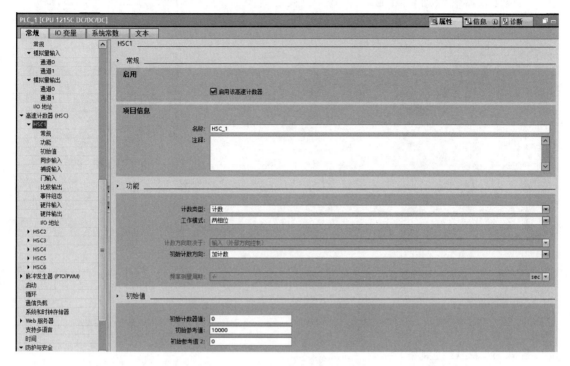

图 5.27　PLC 高速计数器参数设置 1

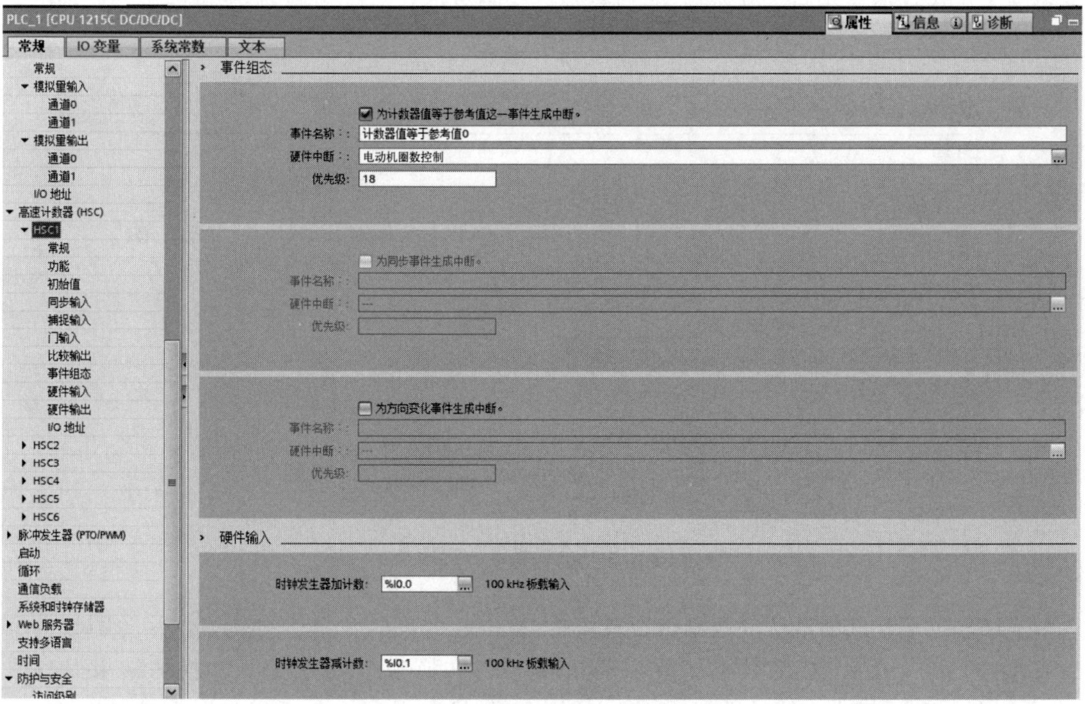

图 5.28　PLC 高速计数器参数设置 2

高速计数器的数据存储地址为 1000,高速计数器的存储地址为 ID1000,如图 5.29 所示。

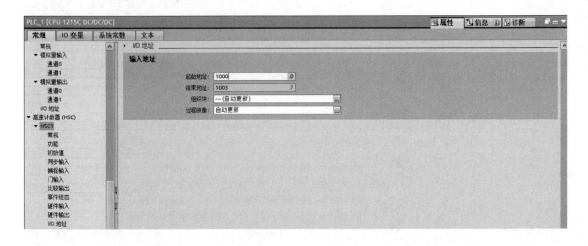

图 5.29　查询高速计数器存储地址

5.4.6　PLC 控制程序

首先应使电动机正常运转。添加 M100.0,它是触摸屏的电动机启动信号。当按下电动机正转按钮时,置位 Q0.0 使电动机能够正转。同时为电动机输入一个速度信号,从 QW64 输出一个模拟量用于控制电动机转速,如图 5.30 所示。

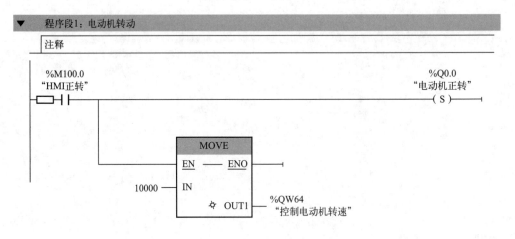

图 5.30　电动机运行程序

在触摸屏显示电动机转动的圈数,首先将 ID1000 内部的数据进行转换,因为圈数也可以有小数,将 ID1000 中的数据调整为 Dint 类型并转换为 Real 类型。转换的结果保存至 MD200 中。ID1000 为高速计数器 HSC1 计数值。转换完成后,将 ID1000 的数值除以 2000,即为电动机转过的圈数。将 MD200 除以 2000,结果保存至 MD300。MD300 为存储的圈数,如图 5.31 所示。

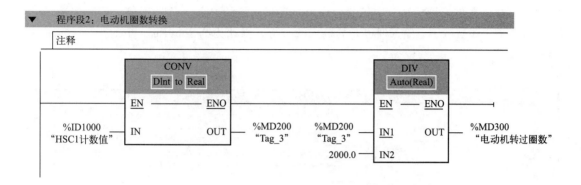

图 5.31 电动机转动圈数控制

设置控制计数器指令,如图 5.32 所示。CV 连接一个常开触点并输入 M100.1,其作用是设置新的计数值。在 RV 添加一个常开按钮,输入 M100.2,其作用是设置新的参考值。NEW_CV 设置为 0,NEW_RV 设置为 20000。当达到一定的圈数时,控制高速计数器,高速计数器指令会产生一个中断,即刚建立的 OB40。当产生中断时,电动机停止 Q0.0 设置为零。

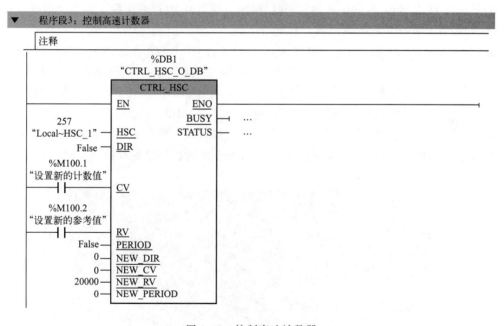

图 5.32 控制高速计数器

【任务实施】

第一步:新建一个文件夹,用于保存编写的 PLC 工程文件。打开博途软件,单击创建新项目。保存的路径为新建立的文件夹。单击"创建"按钮,单击组态设备。设备类型选择西门子 S7-1200 PLC,CPU 类型选择 1215C DC/DC/DC,订货号选择 6ES7 215-1AG40-

0XB0。双击 PLC 图标进行设备组态,"以太网地址"设置为"192.168.0.13",启用系统和时钟存储器,在"连接机制"中将"允许来自远程对象的 PUT/GET 通信访问"勾选。

  第二步:设置数字量输入通道 0 的输入滤波器,默认为 6.4millisec,更改为 6.4microsec,如图 5.33 所示。

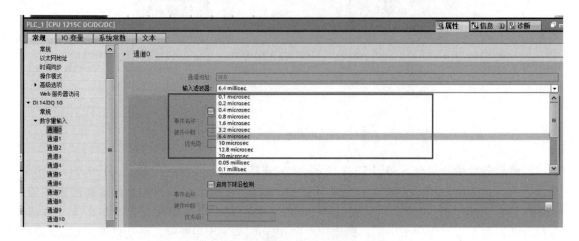

图 5.33 设置数字量输入通道 0 属性

  第三步:打开 Main 程序块,编写 PLC 程序。编写好 PLC 程序后,单击"编译"按钮,编译 PLC 硬件及软件。若没有错误,则进行下载。

  第四步:编写人机交互界面,如图 5.34 所示。打开 MCGS 组态软件,单击"文件"新建工程,触摸屏类型选择"TPC7062TI"单击"确定"按钮。在"设备窗口"中,双击设备窗口图标。在设备工具箱中,双击西门子 1200,将其添加至设备窗口,双击设备 0。设置触摸屏的地址为"192.168.0.23",PLC 的地址为"192.168.0.13",单击"确认"按钮关闭设备窗口。在工作台选择用户窗口,单击新建窗口,双击窗口 0 图标,打开窗口 0。利用标准按钮构件添加 3 个标准按钮,利用标签构件显示电动机转过的圈数。

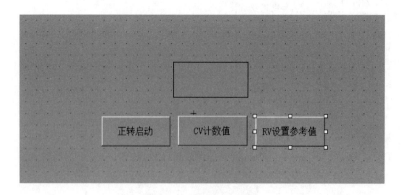

图 5.34 人机交互界面

  双击第一个标准按钮,在"基本属性"中设置为正转启动,在"操作属性"中勾选"数据对象值操作"复选框,"操作类型"选择"按 1 松 0",关联的 PLC 变量为 M100.0。双击第二个标准按钮,打开其属性设置对话框,在"基本属性"中,输入"CV 计数值",在

"操作属性"中勾选"数据对象值操作"复选框,"操作方式"为"按 1 松 0",所关联的 PLC 数据对象为 M100.1,用于设置新的计数器值。双击第三个标准按钮,将构件名称设置为"RV 设置参考值",在"操作属性"中勾选"数据对象值操作"复选框,"操作方式"选择"按 1 松 0",所关联的 PLC 数据对象为 M100.2。双击标签构件,在属性设置中,勾选"显示输出"复选框,在"显示输出"选项卡中,"输出类型"选择"数值量输出所关联的数据对象为 MD300","数据类型"选择浮点数。

第五步:下载编译好的人机交互界面。下载完成后,单击启动运行,进入组态模拟环境。打开博途软件,将 PLC 转至在线模式,单点击启用监视功能,如图 5.35 所示。

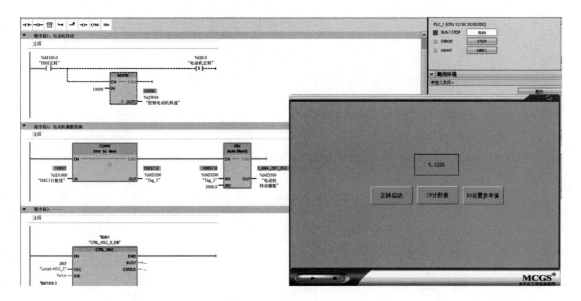

图 5.35　系统运行效果

从图 5.35 中可以看到 ID1000 内部的计数器值为零,将显示的数据格式更改为十进制。打开组态监控环境。单击"正转启动"按钮,计数器开始计数。在触摸屏上显示电动机转过的圈数。转过 5 圈之后,电动机自动停止。重新对计数器清 0,设置新的参考值,单击"RV 设置参考值"按钮设置新的参考值,将新的参考值设置为 20000。单击"正转启动"按钮,计数器开始计数。当转过 10 圈(即计数器的值为 20000)时,电动机自动停止。

学习笔记

学习笔记

【任务评价】

班级：_____　　姓名：_____　　学号：_____　　时间：_____

序号	评价内容	评价要点	分值	得分
1	PLC 硬件接线	能正确连接按钮与 PLC 输入点	10	
2		能正确连接指示灯与 PLC 输出点	10	
3		能正确连接 PLC 电源	5	
4		能正确连接 PLC 下载线	5	
5	PLC 程序编写	能创建 PLC 工程	10	
6		能正确选择 PLC 型号	10	
7		能正确设置 PLC 地址	10	
8		能正确编写梯形图程序	10	
9		能修改 PLC 变量名称	10	
10	调试运行	可调节电动机正反转	10	
11		可用编码器控制电动机角度	10	
		合计得分		

教师点评

【课后练习】

班级：_____   姓名：_____   学号：_____   时间：_____

练习题目	设计 PLC 程序，单相交流电动机正转 5 圈，停 5s，反转 5 圈，停 5s，周期运行
电气接线图	
PLC 程序	

项目 6

PLC 运动控制系统设计

步进电动机是将电脉冲信号转变为角位移或线位移的开环控制元件。在非超载的情况下，电动机的转速、停止的位置取决于脉冲信号的频率和脉冲数，而不受负载变化的影响，即给电动机加一个脉冲信号，电动机则转过一个步距角。根据步进电动机的特点，步进电动机用于速度、位置等控制领域变得非常简单。例如线切割的工作台拖动、植毛机工作台（毛孔定位）、包装机（定长度）。

任务 6.1　运动控制系统点动控制

在工业生产过程中，常会用到点动控制电动机启停按钮，它多适用在快速行程以及地面操作行车等场合。

【任务目标】

① 掌握 PLC 对步进电动机的运行控制及原理；
② 掌握 PLC 对步进电动机的组态方法；
③ 会设点动控制梯形图程序；
④ 能够实现对步进电动机的基本运动与状态信息监控；
⑤ 养成良好的安全意识，注重工作效率。

【任务描述】

在未按下人机界面的"启动轴"按钮时，步进电动机不转，当按下"点动正转"按钮时，步进电动机正转，松开"点动正转"按钮，步进电动机停止正转；当按下"点动反转"按钮时，步进电动机反转，松开"点动反转"按钮，步进电动机停止反转。

运动控制系统
点动控制

【任务资讯】

6.1.1　S7-1200 PLC 运动控制原理

CPU 通过脉冲输出和方向输出进行组态来控制驱动器。轴工艺对象用于组态机械驱动器的数据、驱动器的接口、动态参数以及其他驱动器属性。S7-1200 PLC 提供 4 组高速脉冲输出发生器，Q0.0 和 Q0.1、Q0.2 和 Q0.3、Q0.4 和 Q0.5、Q0.6 和 Q0.7，因此一台 S7-1200 PLC 最多能控制 4 台伺服电动机或步进电动机，其中前两组脉冲输出发生器的最大脉冲频率对应 CPU 的数字量输出 100kHz，后两组最大为 30kHz，如图 6.1 所示。

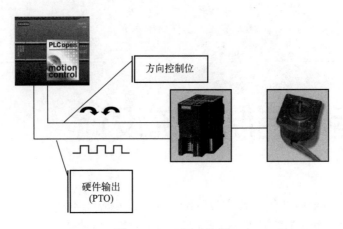

图 6.1　PLC 运动控制

6.1.2　MC_Power 运动控制指令

MC_Power 运动控制指令可启用或禁用轴在使用时要求定位轴工艺对象已正确组态，没有待决的启用/禁止错误，功能块如图 6.2 所示。

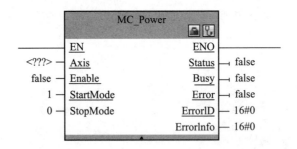

图 6.2　MC_Power 运动控制指令可启用或禁用轴功能块

MC_Power 运动控制指令可启用或禁用轴参数说明如表 6.1 所示。

表 6.1　MC_Power 运动控制指令可启用或禁用轴参数说明

参数	声明	数据类型	默认值		说明
Axis	INPUT	TO_Axis	—		轴工艺对象
Enable	INPUT	Bool	FALSE	TRUE	轴已启用
				FALSE	根据组态的"StopMode"中断当前所有作业。停止并禁用轴
StopMode	INPUT	Int	0	0	紧急停止
				1	立即停止
				2	带有加速度变化率控制的紧急停止

续表

参数	声明	数据类型	默认值	说明	
Status	OUTPUT	Bool	FALSE	轴的使能状态	
				FALSE	禁用轴 轴未回原点 在禁用轴时，只有在轴停止之后，才会将状态更改为 FALSE
				TRUE	轴已启用
Busy	OUTPUT	Bool	FALSE	TRUE	"MC_Power" 处于活动状态
Error	OUTPUT	Bool	FALSE	TRUE	运动控制指令 "MC_Power" 或相关工艺对象发生错误

启用带有已组态驱动器接口的轴要启用轴，首先检查是否满足功能要求。使用所需值对输入参数"StopMode"进行初始化。将输入参数"Enable"设置为 TRUE。将"启用驱动器"的使能输出更改为 TRUE，以接通驱动器的电源。CPU 将等待驱动器的"驱动器就绪"信号。当 CPU 组态完成且输入端出现"驱动器就绪"信号时，将启用轴。输出参数"Status"和工艺对象变量＜轴名称＞.StatusBits.Enable 的值为 TRUE。

启用不带已组态驱动器接口的轴要启用轴，首先检查是否满足上述功能要求。使用所需值对输入参数"StopMode"进行初始化。将输入参数"Enable"设置为 TRUE，轴已启用。输出参数"Status"和工艺对象变量＜轴名称＞.StatusBits.Enable 的值为 TRUE。

6.1.3 MC_MoveJog 在点动模式下移动轴

运动控制指令 MC_MoveJog 用于在点动模式下以指定的速度连续移动轴。例如，可以使用该运动控制指令进行测试和调试，功能块如图 6.3 所示。

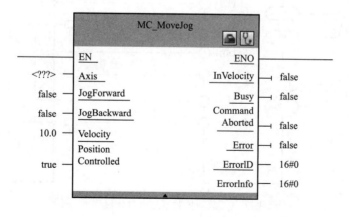

图 6.3 MC_MoveJog 在点动模式下移动轴功能块

MC_MoveJog 在点动模式下移动轴参数说明如表 6.2 所示。

表 6.2 MC_MoveJog 在点动模式下移动轴参数说明

参数	声明	数据类型	默认值	说明
Axis	INPUT	TO_SpeedAxis	—	轴工艺对象
JogForward	INPUT	Bool	FALSE	正向移动
JogBackward	INPUT	Bool	FALSE	反向移动
如果两个参数同时为 TRUE，轴将根据所组态的减速度直至停止。通过参数"Error""ErrorID"和"ErrorInfo"指出了错误				
Velocity	INPUT	Real	10.0	点动模式的预设速度
InVelocity	OUTPUT	Bool	FALSE	TRUE	达到参数"Velocity"中指定的速度
Busy	OUTPUT	Bool	FALSE	TRUE	命令正在执行
CommandAborted	OUTPUT	Bool	FALSE	TRUE	命令在执行过程中被另一命令中止
Error	OUTPUT	Bool	FALSE	TRUE	执行命令期间出错

6.1.4 电气接线图

运动控制系统的电气接线图如图 6.4 所示。

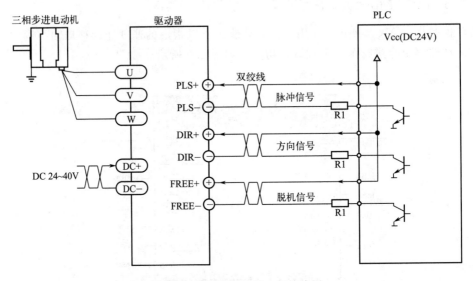

图 6.4 运动控制系统电气接线图

6.1.5 I/O 分配表

I/O 分配表如表 6.3 所示。

表 6.3　I/O 分配表

名称	类型	绑定变量	数据对象值操作
轴启动	标准按钮	M500.0	取反
点动正转	标准按钮	M500.1	按 1 松 0
点动反转	标准按钮	M500.2	按 1 松 0

6.1.6　PLC 控制程序

(1) 轴使能控制程序

轴使能控制程序如图 6.5 所示。

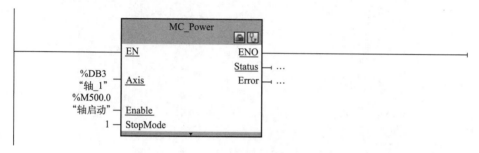

图 6.5　轴使能控制程序

(2) 轴点动控制程序

轴点动控制程序如图 6.6 所示。

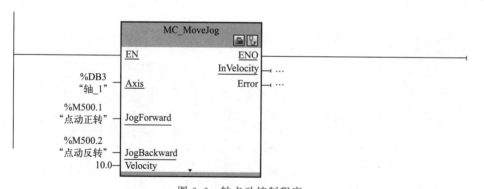

图 6.6　轴点动控制程序

【任务实施】

第一步：新建立一个文件夹，命名为步进电动机点动控制，用于存放编写的 PLC 项目文件。打开博途软件，单击"创建新项目"选项，"项目名称"为步进电动机点动控制，保存文件的路径为新建立的文件夹。

第二步：打开 PLC 项目视图，单击添加新设备。PLC 类型选择 S7-1200。CPU 选择

1215C DC/DC/DC。版本选择 V4.0，单击确认。双击 PLC 图标，对 PLC 进行组态。"以太网地址"设置为"192.168.0.16"。启用系统和时钟存储器，在"连接机制"中勾选"允许来自远程对象的 PUT/GET 通信访问"复选框。

第三步：对轴进行工艺组态。单击左侧项目树中的"工艺对象"，选择"新增对象"，打开"新增对象"对话框，选择"运动控制"图标，在右侧选择轴位置控制，如图 6.7 所示。

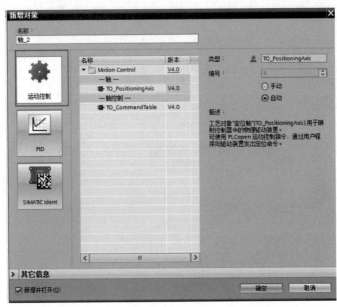

图 6.7 轴工艺组态

第四步：打开"工艺对象-轴"对话框，硬件连接脉冲发生器选择"Pulse_1"，步进电动机使用 PLC 的 Q0.0 接口作为脉冲的输出，Q0.1 作为脉冲的方向，如图 6.8 所示。

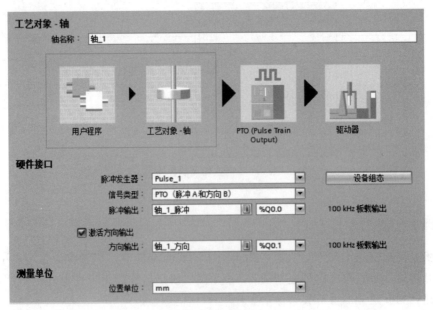

图 6.8 轴工艺对象

第五步：在扩展参数选项中，将轴电动机每转的脉冲数设置为"1000"，这个脉冲数值主要取决于步进驱动器所设置的细分数。电动机每转的负载位移为 5.0mm，这个数据主要取决于步进电动机所带动的丝杠的螺距，如图 6.9 所示。

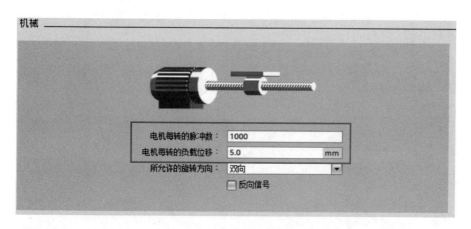

图 6.9　轴工艺组态扩展参数

第六步：在位置限制中可以启用软硬限位，在本例中就不使用限位设置了。在实际使用当中，可以根据需要设置硬件限位开关的输入信号和软件限位开关的输入信号。

在动态参数中需要设置的是加速时间与减速时间。设置加速时间为 1.0s，减速时间也为 1.0s。同样可以根据实际需求设置最大的转速及停止速度等，如图 6.10 所示。

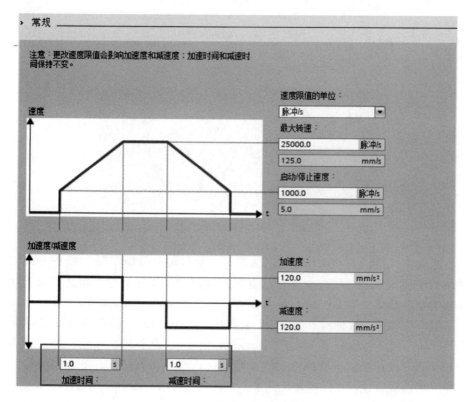

图 6.10　轴工艺组态动态参数

第七步：在回原点参数中设置回原点的方式。本例中使用的原点信号为 I0.5。回零的方向可以选择正方向或负方向，"参考点开关一侧"可以选择上侧或下侧。"逼近速度"为 10.0，"回原点速度"为 5.0，可根据实际需求进行设置，如图 6.11 所示。此时轴的工艺组态完毕。

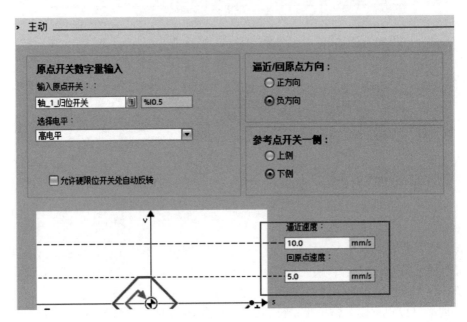

图 6.11 轴工艺组态回原点参数

第八步：编写步进电动机点动控制程序，保存项目编译 PLC 程序并进行下载。

第九步：编写如图 6.12 所示的人机交互界面。

图 6.12 人机交互界面

设置"启动轴"按钮的"操作属性"为根据"数据对象值操作"，"操作方式"选择取反，所关联的 PLC 变量为 M500.0。"点动正转"按钮的"操作属性"勾选"数据对象值操作"，"操作类型"选择"按 1 松 0"，所关联的数据对象设置为 M500.1。"点动反转"按钮的"操作属性"中勾选"数据对象值操作"复选框，选择"按 1 松 0"操作方式，所关联的 PLC 变量为 M500.2。启动并运行组态仿真环境，将 PLC 设备转至在线。单击启动轴，再单击"点动正转"按钮，可以看到电动机正转。松开则电动机停止。单击"点动反转"按钮，可以看到电动机反转，松开电动机停止。如果将轴禁用，按下"点动正转"与"点动反转"按钮则无效。

【任务评价】

班级：_____ 姓名：_____ 学号：_____ 时间：_____

序号	评价内容	评价要点	分值	得分
1	硬件接线	能正确连接 PLC 与步进驱动器	10	
2		能正确连接步进电动机	10	
3		能正确连接 PLC 电源	5	
4		能正确连接步进驱动器电源	5	
5	PLC 程序编写	能创建 PLC 工程	10	
6		能正确组态轴工艺对象	10	
7		能正确设置 PLC 地址	10	
8		能正确编写梯形图程序	10	
9		能编译下载 PLC 程序	10	
10	人机界面	能编写人机界面	10	
11		能正确设置组态软件参数	10	
		合计得分		

教师点评

【**课后练习**】

班级：_____   姓名：_____   学号：_____   时间：_____

练习题目	设计 PLC 程序，使步进电动机以 30r/min 速度正转 5s，停 3s，以 20r/min 速度反转 8s，停 4s。循环运行
接线图	
PLC 程序	

任务 6.2　步进电动机相对定位控制

在电动机的运动中,为使电动机达到某个准确的坐标值,需要对步进电动机进行相对定位的控制。

【任务目标】

① 掌握 PLC 控制步进电动机相对定位的方法;
② 会编写相对定位梯形图程序;
③ 养成良好的团队协作精神;
④ 培育精益求精的工匠精神。

【任务描述】

在触摸屏中输入任意数值(不超过步进电动机量程),由西门子 S7-1200 PLC 控制步进电动机运动到相应的位置。例如,在触摸屏输入 30,步进电动机,运动到距当前位置 30mm 处。

步进电动机相对定位控制

【任务资讯】

6.2.1　MC_Reset 复位轴

运动控制指令 MC_Reset 用于确认伴随轴停止出现的运行错误和组态错误,功能块如图 6.13 所示。其他运动控制命令均无法中止 MC_Reset 命令,新的 MC_Reset 命令不会中止其他激活的运动控制命令。

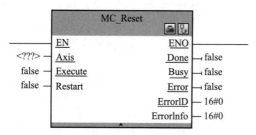

图 6.13　MC_Reset 复位轴功能块

运动控制指令 MC_Reset 参数设置如表 6.4 所示。

表 6.4　运动控制指令 MC_Reset 参数设置

参数	声明	数据类型	默认值		说明
Axis	INPUT	TO_Axis	—		轴工艺对象
Execute	INPUT	Bool	FALSE		上升沿时启动命令
Done	OUTPUT	Bool	FALSE	TRUE	错误已确认
Busy	OUTPUT	Bool	FALSE	TRUE	命令正在执行
Error	OUTPUT	Bool	FALSE	TRUE	执行命令期间出错

MC_Reset 参数确认错误的步骤如下：首先检查是否满足要求，然后从输入参数"Execute"的上升沿开始确认错误。如果输出参数"Done"的值为 TRUE，同时工艺对象变量＜轴名称＞.StatusBits.Error 的值为 FALSE，则说明错误已被确认。

6.2.2 MC_Home 归位轴

MC_Home 运动控制指令用于将轴坐标与实际物理驱动器位置匹配，功能块如图 6.14 所示。

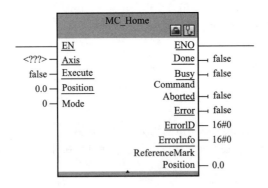

图 6.14　归位轴 MC_Home 功能块

归位轴 MC_Home 参数表如表 6.5 所示，轴的绝对定位需要回原点，可执行以下类型的回原点操作。

表 6.5　归位轴 MC_Home 参数表

参数	声明	数据类型	默认值	说明
Axis	INPUT	TO_Axis	—	轴工艺对象
Execute	INPUT	Bool	FALSE	上升沿时启动命令
Position	INPUT	Real	0.0	Mode＝0、2 和 3 完成回原点操作之后，轴的绝对位置 Mode＝1 对当前轴位置的修正值
Done	OUTPUT	Bool	FALSE	TRUE 命令已完成
Busy	OUTPUT	Bool	FALSE	TRUE 命令正在执行

① 主动回原点（Mode＝3）。自动执行回原点步骤。

② 被动回原点（Mode＝2）。被动回原点期间，运动控制指令 MC_Home 不会执行任何回原点运动。用户需通过其他运动控制指令，执行这一步骤中所需的行进移动。检测到回原点开关时，轴即回到原点。

③ 直接绝对回原点（Mode＝0）。将当前的轴位置设置为参数"Position"的值。

④ 直接相对回原点（Mode＝1）。将当前轴位置的偏移值设置为参数"Position"的值。

⑤ 绝对编码器相对调节（Mode＝6）。将当前轴位置的偏移值设置为参数"Position"的值。

⑥ 绝对编码器绝对调节（Mode＝7）。将当前的轴位置设置为参数"Position"的值。

6.2.3 MC_MoveRelative 轴的相对定位

运动控制指令 MC_MoveRelative 用于启动相对于起始位置的定位运动，功能块如图 6.15 所示。

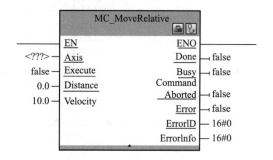

图 6.15 MC_MoveRelative 轴的相对定位功能块

在使用 MC_MoveRelative 指令时，可通过轴回零 MC_Home 命令和轴暂停 MC_Halt 终止 MC_MoveRelative 命令，其参数如表 6.6 所示。

表 6.6 MC_MoveRelative 轴的相对定位参数设置

参数	声明	数据类型	默认值		说明
Axis	INPUT	TO_PositioningAxis	—		轴工艺对象
Execute	INPUT	Bool	FALSE		上升沿时启动命令
Distance	INPUT	Real	0.0		定位操作的移动距离
Velocity	INPUT	Real	10.0		轴的速度
Done	OUTPUT	Bool	FALSE	TRUE	目标位置已到达
Busy	OUTPUT	Bool	FALSE	TRUE	正在执行命令
CommandAborted	OUTPUT	Bool	FALSE	TRUE	命令在执行过程中被另一命令中止

6.2.4 PLC 控制程序

(1) 轴复位程序

轴复位程序如图 6.16 所示。

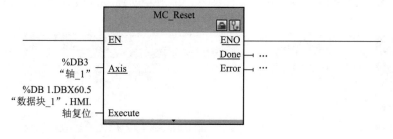

图 6.16 轴复位程序

(2) 轴回零程序

轴回零程序如图 6.17 所示。

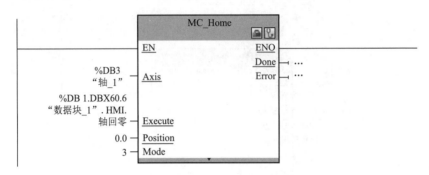

图 6.17 轴回零程序

(3) 轴相对定位程序

轴相对定位程序如图 6.18 所示。

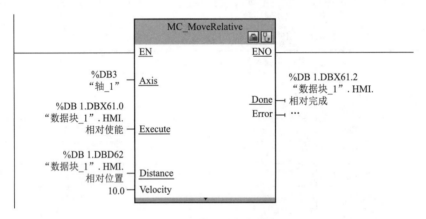

图 6.18 轴相对定位程序

【任务实施】

第一步：新建一个文件夹，用于保存所创建的 PLC 项目文件，文件夹命名为"步进电动机相对定位控制"，打开博途软件，单击"创建新项目"选项，项目名称为步进电动机相对定位控制。将项目保存在新建立的文件夹下，单击"创建"按钮，如图 6.19 所示。

图 6.19 建立 PLC 工程项目

第二步：打开项目视图，在左侧的项目树中双击添加新设备，PLC 类型选择 S7-1200，CPU 选择 1215C DC/DC/DC，版本选择 V4.0，单击"确定"按钮，如图 6.20 所示。

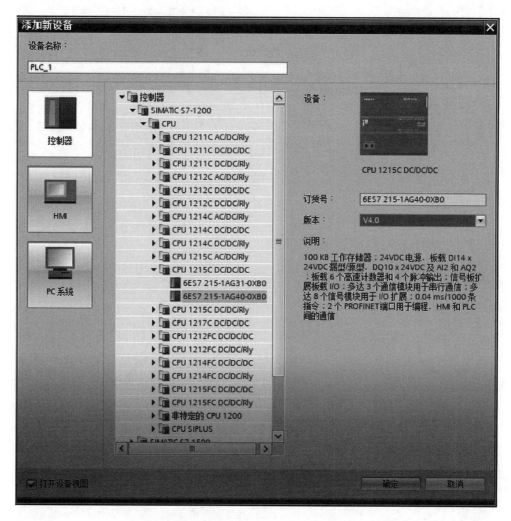

图 6.20 选择 PLC 类型

第三步：双击 PLC 图标，设置其参数，"以太网地址"设置为"192.168.0.16"，启用系统和时钟存储器，在"连接机制"中勾选"允许来自远程对象的 PUT/GET 通信访问"复选框。

第四步：要想使用步进电动机的相对定位控制功能，需要对轴进行组态，在项目树中选择工艺对象，双击"新增对象"，打开"新增对象"对话框，选择轴位置控制，单击"确定"按钮，如图 6.21 所示。

第五步：在"硬件接口"中"脉冲发生器"选择"Pulse_1"，如图 6.22 所示。

第六步：在扩展参数中，将电动机每转的脉冲数设为"1000"，电动机每转的负载位移设为 5mm，如图 6.23 所示。

第七步：在位置限制中可以启用硬限位。将动态加速时间设置为 1.0s、减速时间设置为 1.0s，如图 6.24 所示。

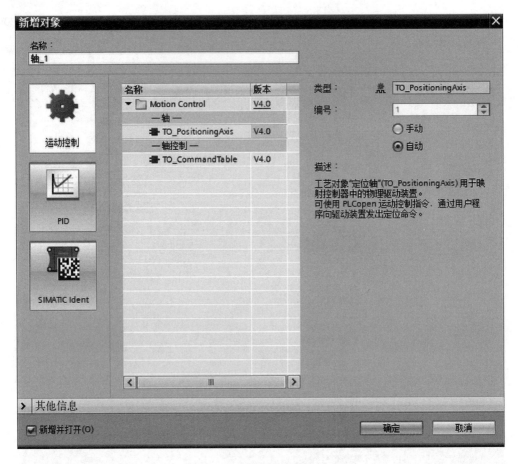

图 6.21 新增轴工艺对象

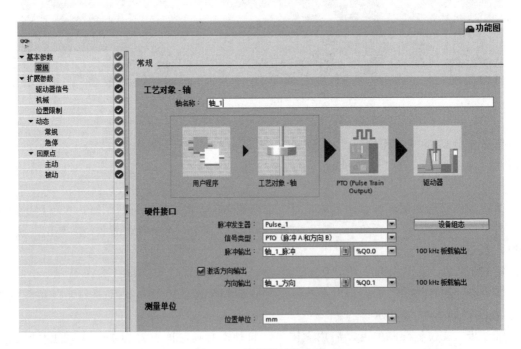

图 6.22 选择脉冲发生器

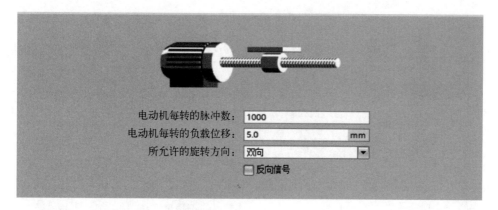

图 6.23 设置轴工艺扩展参数

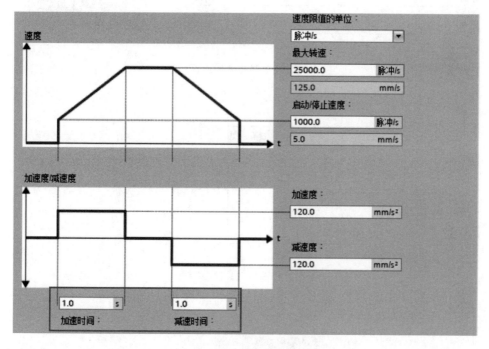

图 6.24 设置轴工艺动态参数

第八步：在回原点参数中，输入原点信号为 I0.5，电平为"高电平"，回原点的方向为负方向，原点的参考点在开关的下侧，"逼近速度"为 10.0，"回原点速度"为 5.0，如图 6.25 所示。

第九步：轴组态完毕，编写 PLC 程序，打开 main 函数块，在指令工艺 motion control 中，首先要设置启动和禁用轴的指令块 MC_Power，将其拖曳至程序段 1 中，如图 6.26 所示。

第十步：M500.0 用来启动和禁用轴停止方式，停止方式设置为 1，将启动和禁用轴的指令块配置完毕。此外，还需要用到回原点的指令块 MC_Home，将其拖曳至程序段 2 中，如图 6.27 所示。

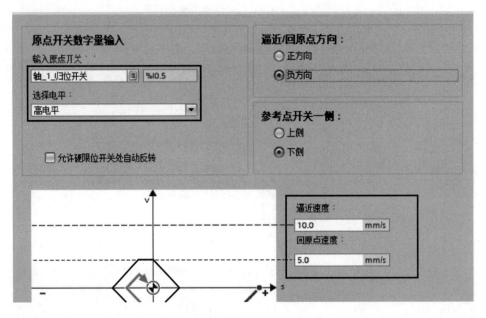

图 6.25　设置轴工艺回原点参数

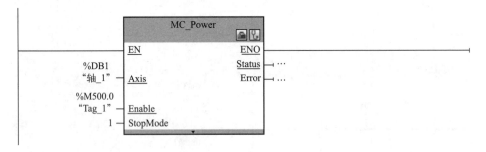

图 6.26　轴启动控制功能块

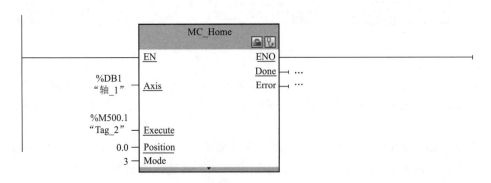

图 6.27　轴回零控制功能块

第十一步：M500.1 用于实现回零的操作，位置为 0，回原点的方式为 3，表示主动回原点，这时回原点的指令块配置完毕。此外，还需要轴的相对定位控制。MC_Move

Relative 以相对方式定位轴,如图 6.28 所示。

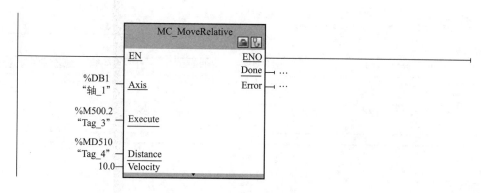

图 6.28 轴相对位置控制功能块

若以相对方式定位轴,其中 Axis 选择轴 _1。M500.2 作为相对定位的启动信号,启动的距离输入 MD510,这个值即为定位的位置,定位的速度默认为 10,这样轴的相对定位指令完成,保存项目,对 PLC 的梯形图文件进行编译,编译完成,下载到 PLC 中。

第十二步:编写如图 6.29 所示人机交互界面。

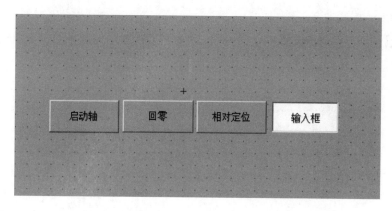

图 6.29 人机交互界面

第十三步:将"启动轴"按钮设置为"按 1 松 0",与 M500.0 进行连接;将"回零"按钮设置为"按 1 松 0",与 M500.1 进行连接;将"相对定位"按钮设置为"按 1 松 0",与 M500.2 进行连接。"输入框"与 MD510 进行关联,"数据类型"选择"32 位浮点数",如图 6.30 所示。

第十四步:下载组态工程并进入模拟运行环境,启动运行,将 PLC 转至在线,方便监控,单击"启用监视"按钮,单击"回零"按钮,轴开始回零,当触碰到接近开关时减速,当走到接近开关的下端时,即完成回零。在界面"输入框"输入需要定位的位置,例如,想让轴走到零点的正方向 100mm 的位置,首先输入 100,然后单击"相对定位"按钮,轴会自动向零点的正方向运动 100mm;要使轴运动到当前点负方向 50mm,直接输入 -50,单击"相对定位"按钮,轴即向当前点的负方向 50mm 进行移动。

绝相对定位主要是以当前点为比较参考点,完成当前点的距离的相对定位控制。

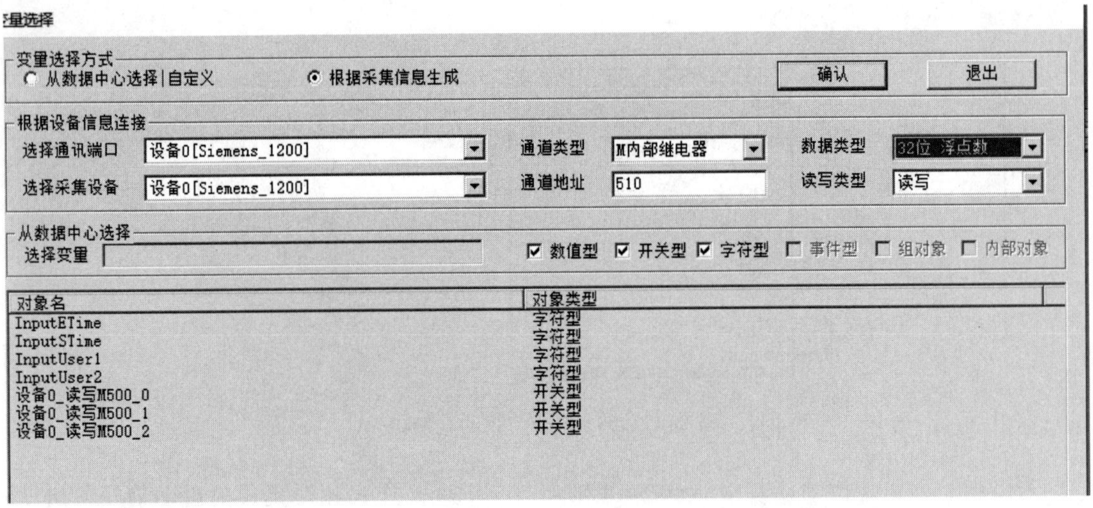

图 6.30 数据对象连接

学习笔记

【任务评价】

班级：_____ 姓名：_____ 学号：_____ 时间：_____

序号	评价内容	评价要点	分值	得分
1	硬件接线	能正确连接 PLC 与步进驱动器	10	
2		能正确连接步进电动机	10	
3		能正确连接 PLC 电源	5	
4		能正确连接步进驱动器电源	5	
5	PLC 程序编写	能创建 PLC 工程	10	
6		能正确组态轴工艺对象	10	
7		能正确设置 PLC 地址	10	
8		能正确编写梯形图程序	10	
9		能编译下载 PLC 程序	10	
10	人机界面	能编写人机界面	10	
11		能正确设置组态软件参数	10	
		合计得分		

教师点评

【课后练习】

班级：_____ 姓名：_____ 学号：_____ 时间：_____

练习题目	设计 PLC 程序，按下"回零"按钮 SB1，步进电动机回零。按下"启动"按钮 SB2，步进电动机以 10r/min 速度运行至 100mm 处，停 3s，再以 15r/min 速度运行至 50mm 处，停 3s，循环运行，采用相对位置控制
接线图	
PLC 程序	

任务 6.3 步进电动机绝对定位控制

在步进电动机的运动中,可以以绝对位置方式进行运动,以达到相应的位置控制。绝对定位即以零点为参考位置,运动至相应位置的控制方式。

【任务目标】

① 掌握 PLC 控制步进电动机绝对定位的方法;
② 会编写绝对定位梯形图程序;
③ 强化学生 6S 职业素养;
④ 培养团队合作意识。

【任务描述】

步进电动机运动系统中,在触摸屏中输入绝对位置坐标(不超过步进电动机量程),西门子 S7-1200 PLC 控制步进电动机运动到某个绝对位置。

步进电动机绝对
定位控制

【任务资讯】

6.3.1 MC_MoveAbsolute 轴的绝对定位

运动控制指令 MC_MoveAbsolute 用于启动轴定位运动,以将轴移动到某个绝对位置,功能块如图 6.31 所示。

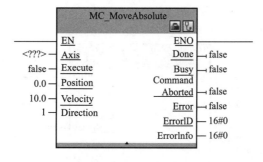

图 6.31 MC_MoveAbsolute 轴的绝对定位功能块

MC_MoveAbsolute 轴的绝对定位在使用时需要 3 个条件,分别为定位轴工艺对象已正确组态;轴已启用;轴已回原点。MC_MoveAbsolute 轴的绝对定位参数设置如表 6.7 所示。

表 6.7 MC_MoveAbsolute 轴的绝对定位参数设置

参数	声明	数据类型	默认值	说明
Axis	INPUT	TO_PositioningAxis	—	轴工艺对象
Execute	INPUT	Bool	FALSE	上升沿时启动命令

续表

参数	声明	数据类型	默认值	说明	
Position	INPUT	Real	0.0	绝对目标位置 限值：—1.0E12≤Position≤1.0E12	
Velocity	INPUT	Real	10.0	轴的速度	
Direction	INPUT	Int	1	轴的运动方向	
				0	速度的符号（"Velocity"参数）用于确定运动的方向
				1	正方向
				2	负方向
				3	最短距离
Done	OUTPUT	Bool	FALSE	TRUE	达到绝对目标位置
Busy	OUTPUT	Bool	FALSE	TRUE	命令正在执行
CommandAborted	OUTPUT	Bool	FALSE	TRUE	命令在执行过程中被另一命令中止
Error	OUTPUT	Bool	FALSE	TRUE	执行命令期间出错

6.3.2 MC_Halt 停止轴

运动控制指令"MC_Halt"用于停止所有运动并以组态的减速度停止轴。MC_Halt 停止轴功能块如图 6.32 所示。

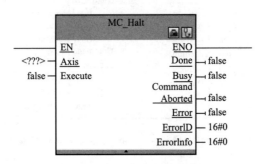

图 6.32 MC_Halt 停止轴功能块

停止轴使用的要求：①定位轴工艺对象已正确组态；②轴已启用。停止轴参数设置如表 6.8 所示。

表 6.8 停止轴参数设置

参数	声明	数据类型	默认值	说明
Axis	INPUT	TO_SpeedAxis	—	轴工艺对象
Execute	INPUT	Bool	FALSE	上升沿时启动命令

续表

参数	声明	数据类型	默认值		说明
Done	OUTPUT	Bool	FALSE	TRUE	速度达到零
Busy	OUTPUT	Bool	FALSE	TRUE	正在执行命令
CommandAborted	OUTPUT	Bool	FALSE	TRUE	命令在执行过程中被另一命令中止
Error	OUTPUT	Bool	FALSE	TRUE	执行命令期间出错

6.3.3 PLC 控制程序

(1) 轴的绝对定位程序

绝对定位程序如图 6.33 所示。

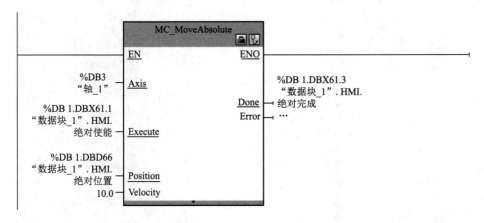

图 6.33 绝对定位程序

(2) 停止轴程序

停止轴程序如图 6.34 所示。

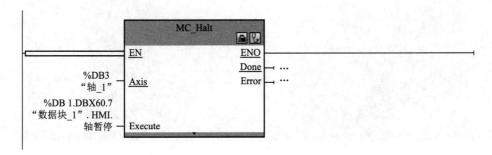

图 6.34 停止轴程序

【任务实施】

第一步：新建一个文件夹，命名为"步进电动机绝对定位控制"，用于保存编写的 PLC 项目文件，双击打开博途软件，单击"创建新项目"选项，功项名称命名为"步进电动机绝对定位控制"，保存至新建立的文件夹下。

第二步：打开项目视图，单击添加新设备，PLC 选择 S7-1200，CPU 选择 1215C DC/DC/DC，版本号选择 V4.0，单击"确定"按钮，如图 6.35 所示。双击 PLC 图标，设置其参数，在"以太网地址"中将 PLC 的 IP 地址设置为"192.168.0.16"。在"系统和时钟存储器"中，勾选"启用系统存储器字节"和"启用时钟存储器字节"，在"连接机制"中，勾选"允许来自远程对象的 PUT/GET 通信访问"复选框。

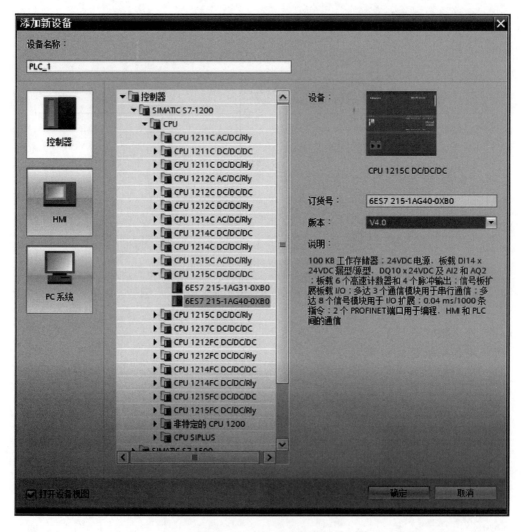

图 6.35 选择 PLC 类型

第三步：对轴进行组态，选择项目树中的工艺对象，双击新增对象选择轴，如图 6.36 所示。

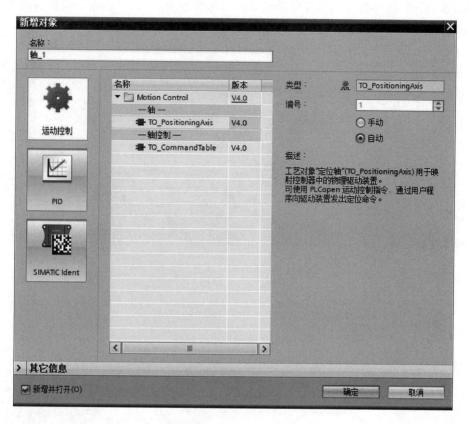

图 6.36　新增轴工艺对象

第四步：在"硬件接口"中"脉冲发生器"选择"Pulse_1",如图 6.37 所示。

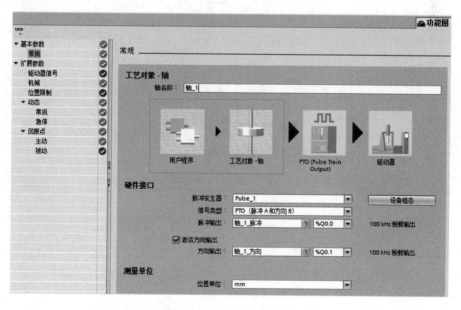

图 6.37　选择脉冲发生器

第五步：在扩展参数中，设置电动机每转的脉冲数为"1000"，电动机每转的负载位移为 5.0mm，如图 6.38 所示。

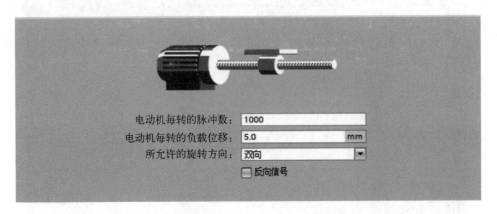

图 6.38　设置轴工艺扩展参数

第六步：在位置限制中可以启用硬限位。将动态加速时间设置为 1.0s、减速时间设置为 1.0s，如图 6.39 所示。

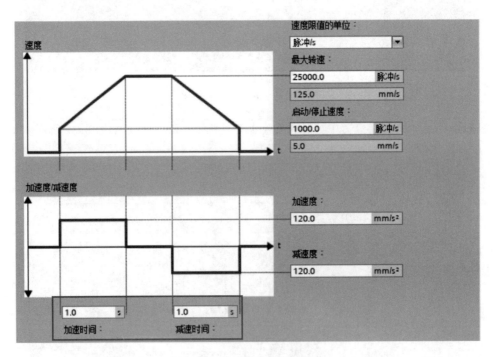

图 6.39　设置轴工艺动态参数

第七步：在回原点参数中，输入原点信号为 I0.5，电平为"高电平"，回原点的方向为"负方向"，原点的参考点在开关的"下侧"，"逼近速度"为 10.0，"回原点速度"为 5.0，如图 6.40 所示。

第八步：编写 PLC 程序，双击 Main 函数块将其打开，输入如图 6.41 所示 PLC 程序。

第九步：编写如图 6.42 所示的人机交互界面。

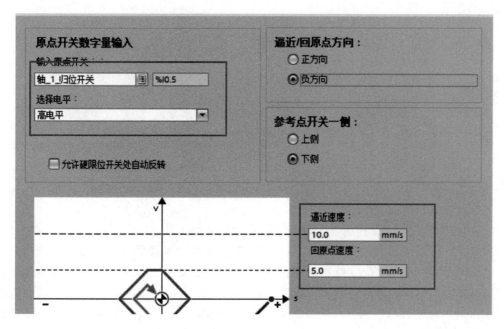

图 6.40　设置轴工艺回原点参数

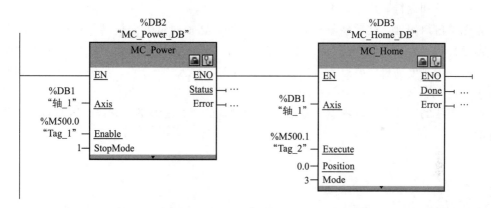

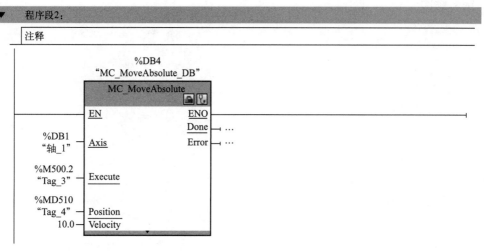

图 6.41　PLC 梯形图程序

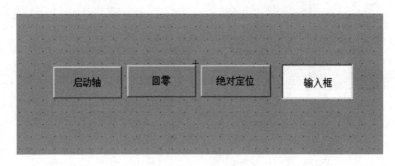

图 6.42 人机交互界面

"启动轴"按钮的"操作属性"勾选"数据对象值操作","操作方式"选择"取反",所关联的 PLC 内部的数据变量为 M500.0;"回零"按钮的"操作属性"勾选"数据对象值操作","操作方式"选择"按 1 松 0",所关联的 PLC 数据对象为 M500.1;"绝对定位"按钮的"操作属性"勾选"数据对象值操作","操作方式"选择"按 1 松 0",所关联的数据对象为 M500.2;"输入框"构件所关联的数据对象为 MD510,"数据类型"选择"32 位浮点数"。人机界面创建完毕,下载人机交互界面进入模拟运行环境,通过计算机控制 PLC,来控制轴的启动和运行,启用监视功能方便观察。

首先单击启用轴,然后使轴进行回零,可以看到轴向负方向旋转,遇到接近开关轴减速,当运行到接近开关的下方时,回零完成。在"输入框"中输入"100",单击"绝对定位"按钮,步进电动机向原点正方向 100mm 运动,输入"-10",步进电动机走到原点负方向 10mm 的位置。

绝对定位的方式就是以零点为基准,无论输入的位置是哪里,它都是以零点为单位进行测量的。

学习笔记

【任务评价】

班级：_____　　姓名：_____　　学号：_____　　时间：_____

序号	评价内容	评价要点	分值	得分
1	硬件接线	能正确连接 PLC 与步进驱动器	10	
2		能正确连接步进电动机	10	
3		能正确连接 PLC 电源	5	
4		能正确连接步进驱动器电源	5	
5	PLC 程序编写	能创建 PLC 工程	10	
6		能正确组态轴工艺对象	10	
7		能正确设置 PLC 地址	10	
8		能正确编写梯形图程序	10	
9		能编译下载 PLC 程序	10	
10	人机界面	能编写人机界面	10	
11		能正确设置组态软件参数	10	
		合计得分		

教师点评

【**课后练习**】

班级：_____ 姓名：_____ 学号：_____ 时间：_____

练习题目	设计 PLC 程序，按下"回零"按钮 SB1，步进电动机回零。按下"启动"按钮 SB2，步进电动机以 10r/min 速度运行至 100mm 处，停 3s，再以 15r/min 速度运行至 50mm 处，停 3s，循环运行，采用绝对位置控制
接线图	
PLC 程序	

项目 7

PLC以太网通信系统设计

目前，我国制造业规模居全球首位，220多种工业产品产量世界第一，在一些领域产业水平已经进入世界前列。在工业自动化领域，一台 PLC 的资源往往不能完成复杂的自动化生产系统，这就需要多台 PLC 共同完成一套自动化生产线，要使多台 PLC 有机地结合在一起，就要使用 PLC 通信系统。

任务 7.1 Modbus-TCP 通信系统设计

Modbus 协议是应用于电子控制器上的一种通用语言。通过此协议，控制器相互之间、控制器经由网络（如以太网）和其他设备之间可以通信。Modbus 协议已经成为一个通用工业标准，有了它，不同厂商生产的控制设备可以连成工业网络，进行集中监控。

【任务目标】

① 掌握 Modbus-TCP 通信协议；
② 掌握 Modbus-TCP 组态方法；
③ 掌握建立 Modbus-TCP 指令块的方法；
④ 能够进行两个 S7-1200 PLC Modbus-TCP 通信；
⑤ 培养团队协作意识。

【任务描述】

两台西门子 S7-1200 PLC 进行 Modbus-TCP 通信，将 PLC_1 的通信数据区 DB1 块中的 10 个字的数据发送到 PLC_2 的接收数据区 DB1 前 10 个字中。将 PLC_2 的通信数据区 DB2 块中 10 个字的数据发送到 PLC_1 的接收数据区 DB1 数据块的后 10 个字中。

Modbus-TCP
通信系统设计

【任务资讯】

7.1.1 S7-1200 系列 PLC 的 PROFINET 通信口

S7-1200 CPU 本体上集成 PROFINET 通信口，支持以太网和基于 TCP/IP 和 UDP 的通信标准。这个 PROFINET 物理接口是支持 10/100Mb/s 的 RJ45 口，支持电缆交叉自适应，因此标准的或是交叉的以太网线都可以用于这个接口。使用这个通信口可以实现 S7-1200 CPU 与编程设备的通信、与 HMI 触摸屏的通信，以及与其他 CPU 之间的通信，如图 7.1 所示。

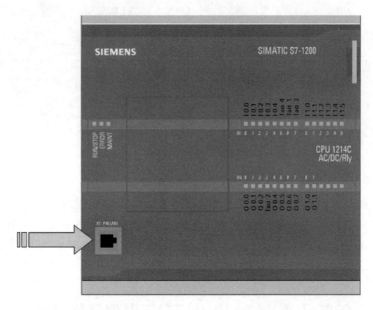

图 7.1　S7-1200 CPU 的 PROFINET 通信口

　　S7-1200 CPU 的 PROFINET 接口有直接连接和网络连接两种网络连接方法。只有两个通信设备时，使用直接连接，用网线直接连接两台设备即可，不需要使用交换机，如图 7.2 所示。

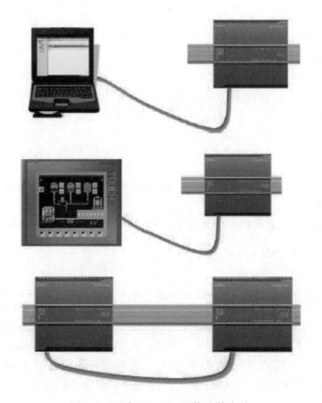

图 7.2　两台 S7-1200 网络连接方法

当通信设备数量为 2 个以上时，实现的是网络连接，需要使用以太网交换机，如图 7.3 所示。

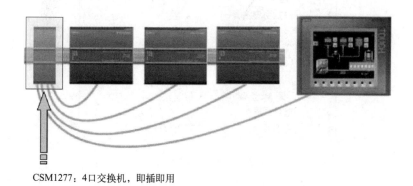

CSM1277：4口交换机，即插即用

图 7.3 两台以上 S7-1200 网络连接方法

7.1.2 Modbus-TCP 协议

Modbus 由法国莫迪康（MODICON）公司于 1979 年开发，是一种工业现场总线协议标准。1996 年施耐德电气有限公司推出基于以太网 TCP/IP 的 Modbus 协议——Modbus-TCP。

Modbus-TCP 是标准的网络通信协议，通过 CPU 上 PN 接口进行 TCP/IP 通信，不需要额外的通信硬件模块，Modbus-TCP 使用开放式用户通信连接作为 Modbus 通信路径，所支持的混合客户机和服务器连接数最大为 CPU 所允许的最大开放式用户通信连接数。软件从 STEP7V11 SP1 版本开始，S7-1200CPU 从 FirmwareV1.0.2 开始，不再需要安装 Modbus-CP 的库文件，可以直接调用 Modbus-TCP 的库指令"MB_CLIENT"和"MB_SERVER"实现 Modbus-TCP 通信功能。

Modbus 协议是一项应用层报文传输协议，包括 ASCII、RTU、TCP 三种报文类型。标准的 Modbus 协议物理层接口有 RS-232、RS-422、RS-485 和以太网接口，采用 master/slave 方式通信。Modbus 设备可分为主站（poll）和从站（slave）。主站只有一个，从站有多个，主站向各从站发送请求帧，从站给予响应。在使用 TCP 通信时，主站为 client 端，主动建立连接；从站为 server 端，等待连接。

在 Modbus-TCP 通信协议中，client 端进行数据读取，server 端只需准备好相应数据即可。

S7-1200 PLC 需要通过 TIA Portal V14 进行组态配置，Modbus-TCP 库如图 7.4 所示。Modbus-TCP 库调用需要注意以下问题。

① Modbus-TCP 库只针对 S7-1200 CPU 集成的 PROFINET 接口，对于集成的普通以太网口不适用。

② Modbus-TCP 库包含客户端和服务器，可分别将 S7-1200 创建为 Modbus-TCP Sever 及 Client，用于与通信伙伴通信。

③ Modbus-TCP 功能块内部会调用开放式用户通信功能块，因此两者版本必须保持一致。

图 7.4 Modbus-TCP 库

7.1.3 Modbus-TCP 通信指令

(1) MB_CLIENT 指令

MB_CLIENT 指令，作为 Modbus-TCP 客户端通过 S7-1200 CPU 的 PROFINET 连接进行通信。V3.1 版本的 MB_CLIENT 指令块如图 7.5 所示。

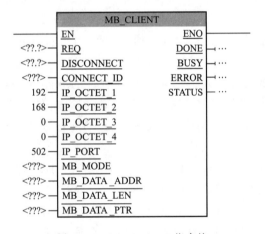

图 7.5 MB_CLIENT 指令块

REQ 参数受到等级控制，只要设置了输入（REQ=TRUE），指令就会发送通信请求。DISCONNECT 通过该参数与 Modbus 服务器建立和终止连接，其值为 0 时建立与指定 IP 地址和端口号的通信连接，为 1 时断开通信连接。CONNECT_ID 用于确定连接的唯一 ID。IP_OCTET_1 至 IP_OCTET_4 分别为 Modbus-TCP 服务器的 IP 地址。MB_MODE 用于选择请求模式，1 为写，即发送数据至服务器，0 为读，即从服务器读取数据。MB_DATA_ADDR 是指向 Modbus 数据寄存器的指针；寄存器是用于缓存从 Modbus 服务器接收的数据或将发送到 Modbus 服务器的数据的缓冲区，从 40001 开始。MB_DATA_LEN 是数据访问的位数或字数。MB_DATA_PTR 是指向 Modbus 数据寄存器的指针；寄存器是用于缓存从 Modbus 服务器接收的数据或将发送到 Modbus 服务器的数据的缓冲区。注意：指针必须引用具有标准访问权限的全局数据块。DONE 表示只要最后一个作业成功完成，立即将其置位为1。BUSY 为0时表示当前没有正在处理的通信请求，为1时表示作业正在处理中。ERROR 为0时表示无错误，为1时表示出错。STATUS 用于指示通信状态，正常通信时显示 0000。

(2) MB_SERVER 指令

MB_SERVER 指令，作为 Modbus-TCP 服务器通过 S7-1200 CPU 的 PROFINET 连接进行通信。V3.1 版本的 MB_SERVER 指令如图 7.6 所示。

DISCONNECT 用于建立与一个伙伴模块的被动连接，即服务器会对来自每个 IP 地址的 TCP 连接请求进行响应。接受一个连接请求后，可以使用 DISCONNECT 参数进行控制，0 表示在无通信连接时建立被动连接，1 表示终止连接初始化。如果已置位该输入，那么不会执行其他操作。成功终止连接后，STATUS 参数将输出值 7003。

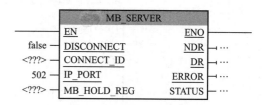

图 7.6 MB_SERVER 指令

CONNECT_ID 用于确定唯一的连接 ID，应与 MB_CLIENT 一致。MB_HOLD_REG 用于指向 MB_SERVER 指令中 Modbus 保持性寄存器的指针，将具有标准访问权限的全局数据块用作保持性寄存器。NDR 为 0 表示无新数据，为 1 表示将从 Modbus 客户端写入新数据。DR 为 0 表示读取数据，为 1 表示将从 Modbus 客户端读取数据。ERROR 为 1 表示通信错误，为 0 表示通信正常。STATUS 用于指示通信状态，正常通信时显示 0000。

7.1.4 客户机通信程序

下面编写数据的接收和发送程序：在指令中选择通信，选择其他指令，如 Modbus-TCP。注意：通信指令版本号应为 V3.1。将 MB_CLIENT 指令块拖曳至程序段中。由于需要接收和发送数据，所以设置 2 个 MB_CLIENT 指令块数据块。选中一个 MB_CLIENT 数据块，先进行复制，再进行粘贴。按照例程对参数进行配置，如图 7.7 所示。

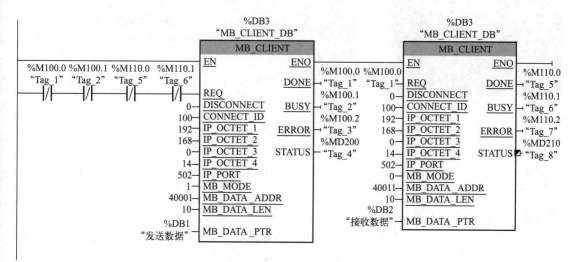

图 7.7 客户机通信程序

7.1.5 服务器通信程序

选择指令中的通信其他指令,如选择 MODBUS-TCP,将 MB_SERVER 指令拖曳至程序段中。按照例程对指令块参数进行配置,如图 7.8 所示。

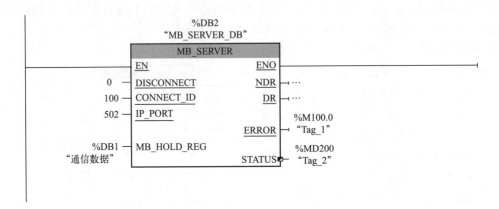

图 7.8　服务器通信程序

【任务实施】

第一步:新建一个文件夹,命名为"modbustcp",用于保存编写的 PLC 项目文件。打开博途软件,单击"创建新项目"选项,"项目名称"为"modbustcp",保存的文件路径为新建立的文件夹,如图 7.9 所示。

图 7.9　创新 PLC 工程

第二步:单击打开项目视图。单击添加新设备,设置"设备名称"为"client"。PLC 类型设置为 S71200,CPU 类型选择 1215C DC/DC/DC,订货号选择 6ES7 215-1AG40-0XB0,版本号选择 V4.0,如图 7.10 所示。

第三步:双击 PLC 图标,设置其参数。在"以太网地址"中,单击添加新子网,IP 地址设置为"192.168.0.1"。在系统设置存储器中,启用系统和时钟存储器。"连接机制"勾选"允许来自远程对象的 PUT/GET 通信访问"复选框,如图 7.11 所示。

第四步:单击添加新设备。"设备名称"命名为"server"。设置 PLC 类型为 S7-1200,

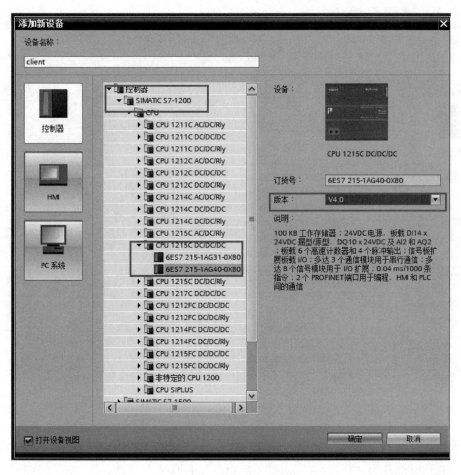

图 7.10 选择 PLC 型号

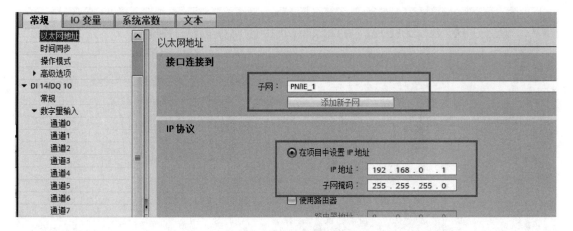

图 7.11 设置 PLC IP 地址

CPU 类型为 1215C DC/DC/DC，订货号为 6ES7 215-1AG40-0XB0，版本号为 V4.0，如图 7.12 所示。

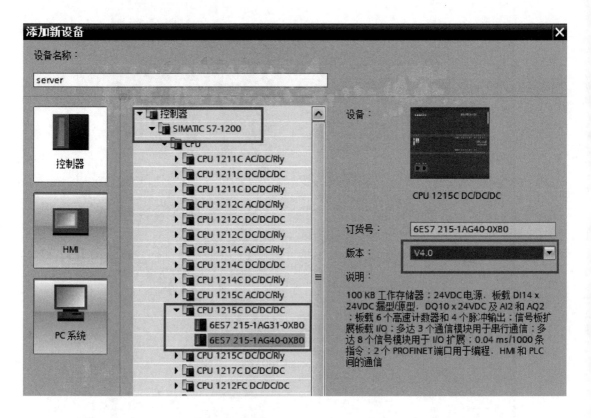

图 7.12 组态服务器 PLC

第五步：双击 PLC 图标，设置其参数。在"以太网地址"中将"子网"选择为"PN/IE_1"。IP 地址设置为"192.168.0.14"。启用系统和时钟存储器。在"连接机制"中，勾选"允许来自远程对象的 PUT/GET 通信访问"复选框，如图 7.13 所示。

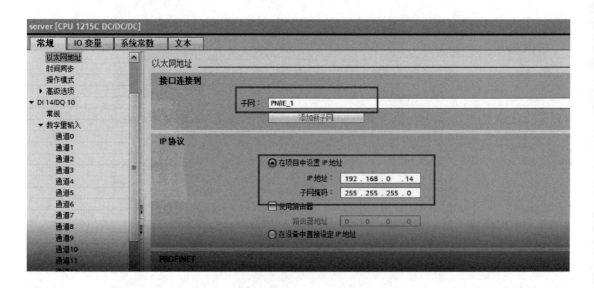

图 7.13 设置服务器 PLC 的 IP 地址

第六步：编写相应的通信程序。在客户机中添加新的数据块，命名为"发送数据"。在数据块中建立 10 个 Int 型数据，如图 7.14 所示。

图 7.14 创新通信数据

注意：在数据块上使用鼠标右键单击，选择"属性"选项，取消"优化的块访问"的勾选，如图 7.15 所示。

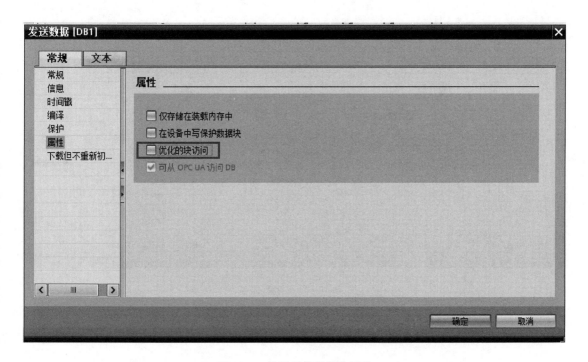

图 7.15 设置通信数据块属性

第七步：再单击添加新块，名称为"接收数据"，将从服务器端接收的数据存放至该数据块中，新增 10 个 Int 型数据，如图 7.16 所示。

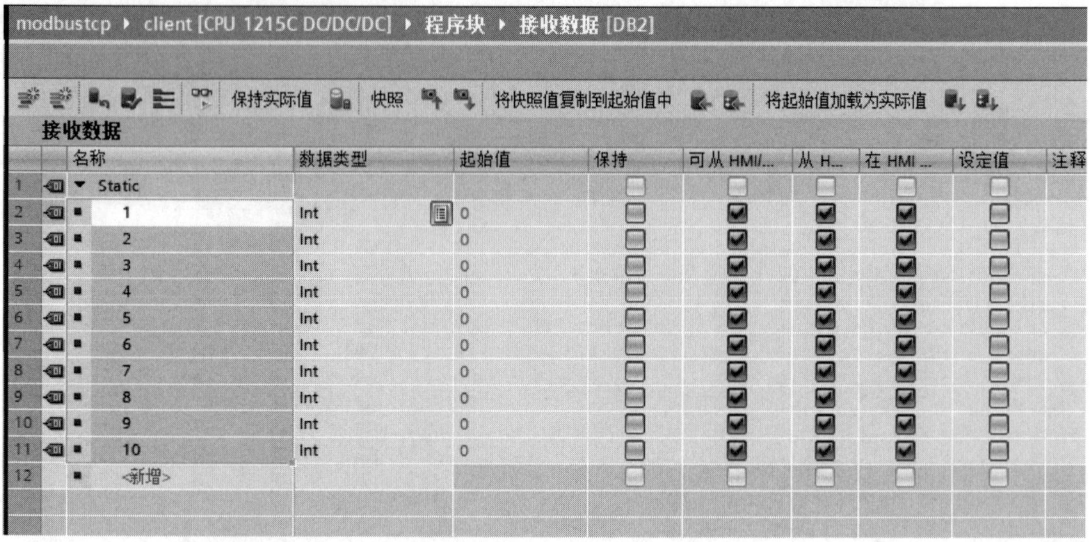

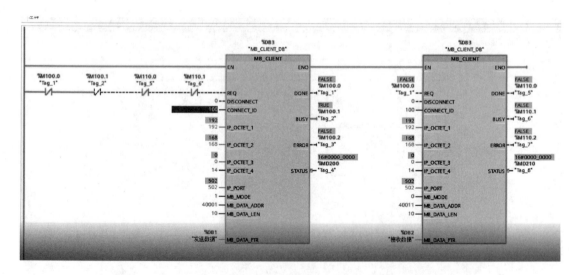

图 7.16 设置通信数据块属性

第八步：同样取消该数据块中"优化的块访问"的勾选。按照例程在 client 和 server 两个 PLC 中输入程序。程序编写完成后进行编译，将程序分别下载至 client 和 server 两个 PLC 中。将两个 PLC"转至在线"并启用监视，如图 7.17 所示。

图 7.17 系统运行监控

可以看到通信数据块已经开始工作，其中状态为零，表示通信正常。

【任务评价】

班级：_____　姓名：_____　学号：_____　时间：_____

序号	评价内容	评价要点	分值	得分
1	PLC 硬件接线	能正确连接两台 PLC	10	
2		能正确连接指示灯与 PLC 输出点	10	
3		能正确连接 PLC 电源	5	
4		能正确连接 PLC 下载线	5	
5	PLC 程序编写	能创建 PLC 工程	10	
6		能正确选择 PLC 型号	10	
7		能正确设置 PLC 地址	10	
8		能正确编写梯形图程序	10	
9		能修改 PLC 变量名称	10	
10	调试运行	两台 PLC 能够进行通信	10	
11		能在线监控 PLC 程序	10	
		合计得分		

教师点评	

【课后练习】

班级：_____　姓名：_____　学号：_____　时间：_____

练习题目	设计 PLC 程序，按下 PLC1 上连接的按钮 SB1，点亮 PLC2 上连接的指示灯。按下 PLC2 上连接的按钮 SB2，点亮 PLC1 上连接的指示灯，采用 Modbus-TCP 进行通信
接线图	
PLC 程序	

任务 7.2 开放式用户通信系统设计

开放式用户通信是一种程序控制的通信方式，可以使用多种通信类型，其主要特点是传输的数据结构的灵活性。这种通信只受用户程序的控制，可以建立和断开事件驱动的通信连接。在运行期间也可以修改连接。

【任务目标】

① 掌握 S7-1200 PLC 开放式用户通信组态方法；
② 理解 TSEND_C 和 TRCV_C 指令块的参数意义；
③ 能够进行两台 S7-1200 PLC 通信；
④ 强化 6S 职业素养。

【任务描述】

两台西门子 S7-1200 PLC 进行开放式用户通信，将 PLC_1 的通信数据区 DB1 块中的 10 个字节的数据发送到 PLC_2 的接收数据区 DB1。将 PLC_2 的通信数据区 DB2 块中 10 个字的数据发送到 PLC_1 的接收数据区 DB2 数据块中。

开放式用户通信系统设计

【任务资讯】

7.2.1 S7-1200 开放式用户通信

开放式用户通信（OUC）是通过 S7-1200/1500 和 S7-300/400 CPU 集成的 PN/IE 接口进行程序控制通信的过程。这种通信过程可以使用各种不同的连接类型。

开放式用户通信的主要特点是在所传送的数据结构方面具有高度的灵活性。这就允许 CPU 与任何通信设备进行开放式数据交换，前提是这些设备支持该集成接口可用的连接类型。由于此通信仅由用户程序中的指令进行控制，因此可建立和终止事件驱动型连接。在运行期间，也可以通过用户程序修改连接。

对于具有集成 PN/IE 接口的 CPU，可使用 TCP、UDP 和 ISO-on-TCP 连接类型进行开放式用户通信。通信伙伴可以是两个 SIMATIC PLC，也可以是 SIMATIC PLC 和相应的第三方设备。

7.2.2 开放式用户通信指令

（1）TSEND_C 指令

TSEND_C 指令用于设置并建立 TCP 或 ISO-on-TCP 通信连接。设置并建立连接后，CPU 会自动保持和监视该连接。TSEND_C 指令功能块如图 7.18 所示。

参数 CONNECT 中指定的连接描述用于设置通信连接。TSEND_C 指令异步执行且具有以下功能。

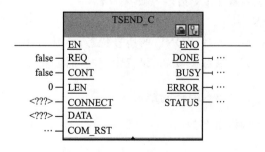

图 7.18 TSEND_C 指令功能块

设置并建立通信连接：通过 CONT=1 设置并建立通信连接，连接成功建立后，参数 DONE 将置位为"1"并持续一个周期。CPU 进入 STOP 模式后，将终止现有连接并移除已设置的连接。要再次设置并建立该连接，需要再次执行 TSEND_C 指令。

通过现有通信连接发送数据：参数 DATA 可指定发送区，包括要发送数据的地址和长度。不要在 DATA 参数中使用数据类型为 Bool 或 Array of BOOL 的数据区。如果在参数 DATA 中使用纯符号值，则 LEN 的数值必须为"0"。在参数 REQ 中检测到上升沿时执行发送作业。使用参数 LEN 可指定通过一个发送作业发送的最大字节数。发送数据（在参数 REQ 的上升沿）时，参数 CONT 的值必须为"1"，才能建立或保持连接。在发送作业完成前，不允许编辑要发送的数据。如果发送作业成功执行，则参数 DONE 将设置为"1"。参数 DONE 的信号状态"1"并不能确定通信伙伴已读取所发送的数据。

终止通信连接：参数 CONT 置位为"0"时，即使当前进行的数据传送尚未完成，也将终止通信连接。但如果对 TSEND_C 指令使用了已组态连接，将不会终止连接。

(2) TRCV_C 指令

TRCV_C 指令异步执行并会按顺序实施以下功能：①设置并建立通信连接；②通过现有的通信连接接收数据；③终止或重置通信连接；TRCV_C 指令功能块如图 7.19 所示。

设置并建立通信连接：TRCV_C 将设置并建立一个 TCP 或 ISO-on-TCP 通信连接。设置并建立连接后，CPU 会自动保持和监视该连接。参数 CONNECT 中指定的连接描述用于设置通信连接。要建立连接，参数 CONT 的值必须设置为"1"。成功建立连接后，参数 DONE 将被设置为"1"。CPU 进入 STOP 模式后，将终止现有连接并移除已设置的连接。若要再次设置并建立该连接，需要再次执行

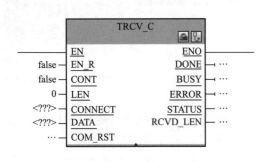

图 7.19 TRCV_C 指令功能块

TRCV_C 指令。

通过现有通信连接接收数据：如果参数 EN_R 的值设置为"1"，则启用数据接收。接收数据（在参数 EN_R 的上升沿）时，参数 CONT 的值必须为 TRUE，才能建立或保持连接。

终止或重置通信连接：接收的数据将输入接收区中，根据所用的协议选项，接收区长度通过参数 LEN 指定（如果 LEN <> 0），或通过参数 DATA 的长度信息来指定（如果 LEN = 0）。如果在参数 DATA 中使用纯符号值，则 LEN 参数的值必须为"0"。成功接收数据后，参数 DONE 的信号状态为"1"。如果数据在传送过程中出错，参数 DONE 将设置为"0"。参数 CONT 设置为"0"时，将立即终止通信连接。

7.2.3 组态网络

网络组态如图 7.20 所示。

7.2.4 主站通信程序

主站通信程序如图 7.21 所示。

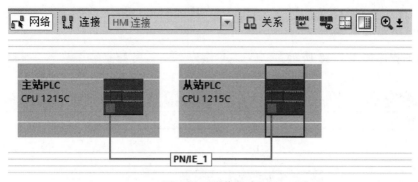

图 7.20 网络组态

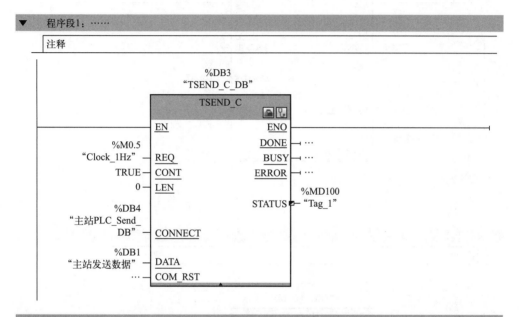

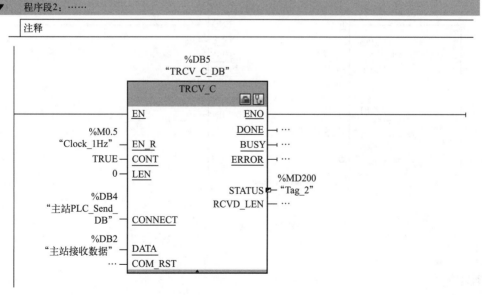

图 7.21 主站通信程序

7.2.5 从站通信程序

从站通信程序如图 7.22 所示。

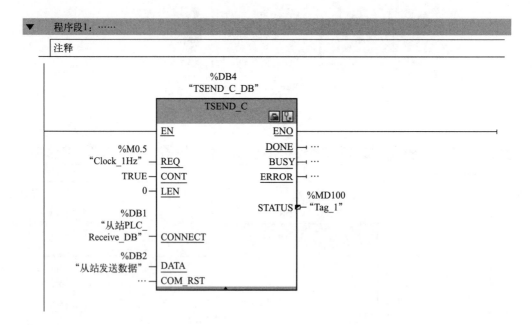

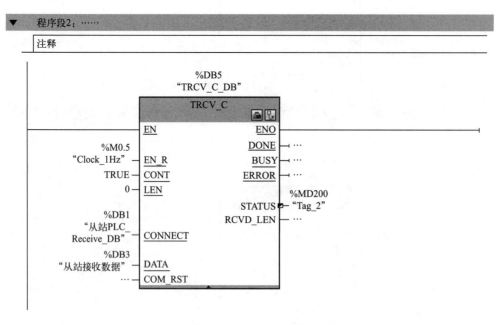

图 7.22 从站通信程序

【任务实施】

第一步：建立一个文件夹，用于保存创建的 PLC 项目，命名为"TCP 通信系统设计"。

打开博途软件，单击“创建新项目”选项，项目名称命名为“TCP 通信系统设计”，保存的路径为刚创建的“TCP 通信系统设计”文件夹，单击“创建”按钮。

第二步：单击打开项目视图，单击添加新设备。创建第一个 PLC，即为主站 PLC。PLC 选择 S7-1200，CPU 选择 1215C DC/DC/DC，订货号选择 6ES7 215-1AG40-0XB0，版本号选择 V4.0。

第三步：双击 PLC 图标，在“以太网地址”参数中添加新子网。IP 地址设置为“192.168.0.13”。启用系统和时钟存储器，在“连接机制”中，勾选“允许来自远程对象的 PUT/GET 通信访问”复选框。再单击添加新设备创建从站 PLC。PLC 类型选择 S7-1200，CPU 选择 1215C DC/DC/DC，版本号选择 6ES7 215-1AG40-0XB0，版本为 V4.0。

第四步：双击从站 PLC 图标。在“以太网地址”参数中选择“PN/IE _1”。IP 地址设置为“192.168.0.14”。启用系统和时钟存储器。在“连接机制”中，勾选“允许来自远程对象的通信访问”复选框。此时主站和从站的 PLC 组态完毕。

第五步：编写主站的 PLC 通信程序。在程序块中，添加主站的通信发送和接收数据块，双击添加新块，单击数据块命名为“主站发送数据”。创建 10 个字节数据类型为 Byte。注意：将“优化的块访问”取消勾选，如图 7.23 所示。

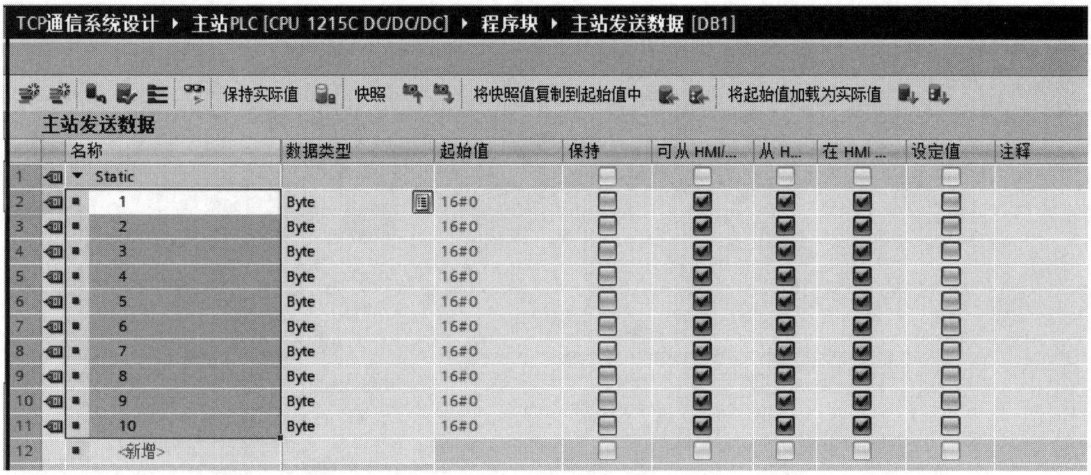

	名称	数据类型	起始值	保持	可从 HMI/...	从 H...	在 HMI ...	设定值	注释
1	▼ Static			☐	☐	☐	☐	☐	
2	1	Byte	16#0	☐	☑	☑	☑	☐	
3	2	Byte	16#0	☐	☑	☑	☑	☐	
4	3	Byte	16#0	☐	☑	☑	☑	☐	
5	4	Byte	16#0	☐	☑	☑	☑	☐	
6	5	Byte	16#0	☐	☑	☑	☑	☐	
7	6	Byte	16#0	☐	☑	☑	☑	☐	
8	7	Byte	16#0	☐	☑	☑	☑	☐	
9	8	Byte	16#0	☐	☑	☑	☑	☐	
10	9	Byte	16#0	☐	☑	☑	☑	☐	
11	10	Byte	16#0	☐	☑	☑	☑	☐	
12	<新增>			☐	☐	☐	☐	☐	

图 7.23　创建主站通信数据块

第六步：再单击创建新块，命名为“主站接收数据”，同样建立 10 个字节型的数据，取消“优化的块访问”勾选，如图 7.24 所示。

第七步：双击 Main 程序块，编写通信程序。在指令中选择通信，如开放式用户通信，选择 TSEND _C 用于发送数据。

第八步：单击开始组态图标。在“连接参数”的“伙伴”中选择从站 PLC，在“本地连接数据”中选择新建，在伙伴连接数据中同样选择新建，其他可以不做修改，如图 7.25 所示。

此时主站发送的指令块组态完毕，按照例程对其参数进行设置。下面配置接收数据块。在指令通信→开放式用户通信中，将 TRCV _C 拖曳至程序段 2 中。

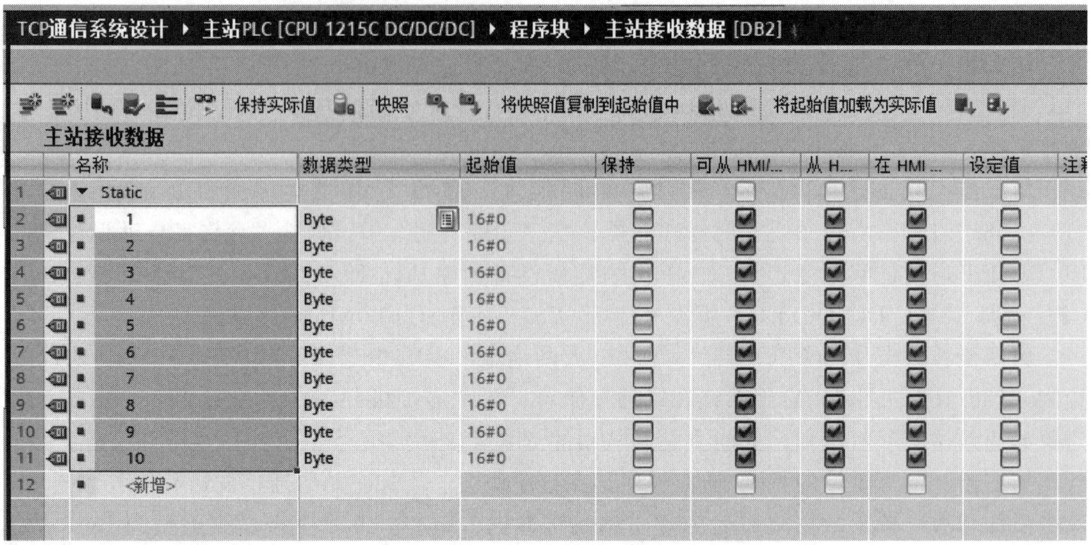

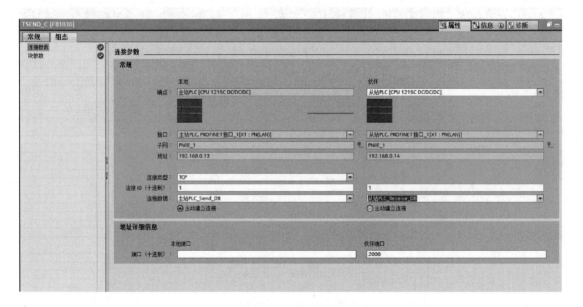

图 7.24 创建从站通信数据块

图 7.25 组态主站发送指令

第九步：单击开始组态图标。"伙伴"选择从站 PLC，"连接数据"选择"主站 PLC-Send_DB"。其他可以不做修改，系统进行自动添加，如图 7.26 所示。

这时主站接收的指令块组态完毕，按照例程对其参数进行设置。

第十步：设置从站的通信程序。同样添加两个数据块，用于接收主站数据和向从站发送数据，同样是 10 个字节显示数据，取消"优化的块访问"勾选。添加相应的接收和发送通信指令。

单击开始组态图标。"伙伴"选择"主站 PLC"，"连接数据"为"从站 PLC-Receive_

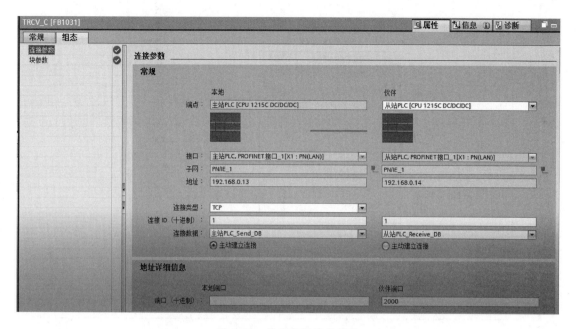

图 7.26 组态主站接收指令

DB"。其他不做修改，如图 7.27 所示。

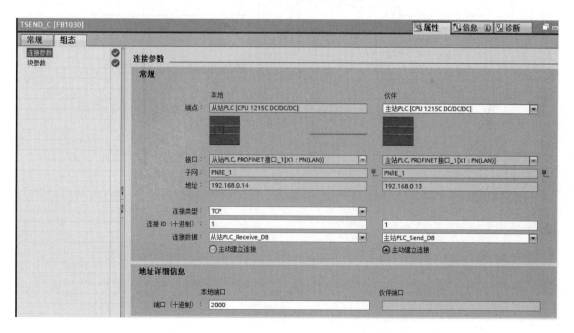

图 7.27 组态从站接收指令

第十一步：按照例程对其指令块参数进行设置。设置完成后，将从站 PLC 和主站 PLC 的程序分别下载至 PLC 中。

下载完成后，将主站和从站 PLC 分别转至在线。监控主站 PLC 的程序。指令块状态为 7002 或 7004，说明通信没有问题，如图 7.28 所示。

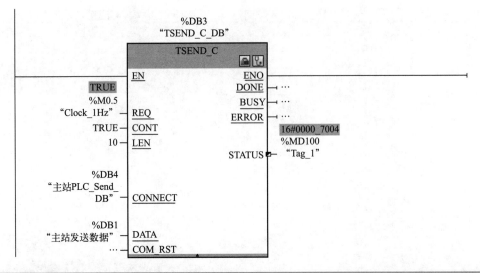

程序段2：……

注释

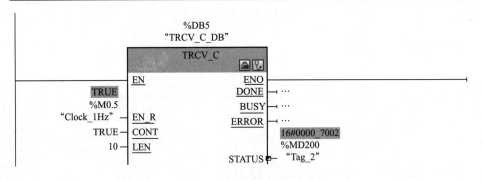

图 7.28 系统运行效果

学习笔记

【任务评价】

班级：_____　　姓名：_____　　学号：_____　　时间：_____

序号	评价内容	评价要点	分值	得分
1	PLC 硬件接线	能正确连接两台 PLC	10	
2		能正确连接指示灯与 PLC 输出点	10	
3		能正确连接 PLC 电源	5	
4		能正确连接 PLC 下载线	5	
5	PLC 程序编写	能创建 PLC 工程	10	
6		能正确选择 PLC 型号	10	
7		能正确设置 PLC 地址	10	
8		能正确编写梯形图程序	10	
9		能修改 PLC 变量名称	10	
10	调试运行	两台 PLC 能够进行通信	10	
11		能在线监控 PLC 程序	10	
		合计得分		

教师点评

【课后练习】

班级：_____ 姓名：_____ 学号：_____ 时间：_____

练习题目	设计 PLC 程序，按下 PLC1 上连接的按钮 SB1，点亮 PLC2 上连接的指示灯。按下 PLC2 上连接的按钮 SB2，点亮 PLC1 上连接的指示灯，采用开放式用户通信
接线图	
PLC 程序	

任务 7.3 S7 通信系统设计

S7 通信协议是西门子 S7 系列 PLC 内部集成的一种通信协议，是 S7 系列 PLC 的精髓所在，它是一种运行在传输层之上的、经过特殊优化的通信协议，其信息传输可以基于 MPI 网络、PROFIBUS 网络或以太网。

【任务目标】

① 了解 S7 通信协议原理；
② 掌握 S7 通信组态方法；
③ 能够进行两台 PLC 之间的 S7 通信；
④ 强化精益求精的工匠精神。

【任务描述】

两台西门子 S7-1200 PLC 进行 S7 通信，将 PLC_1 的通信数据区 DB1 块中的 10 个字节的数据发送到 PLC_2 的接收数据区 DB1。将 PLC_2 的通信数据区 DB2 块中 10 个字节的数据发送到 PLC_1 的接收数据区 DB2 数据块中。

S7通信系统设计

【任务资讯】

7.3.1 S7 通信介绍

S7-1200 的 PROFINET 通信口可以作 S7 通信的服务器端或客户端（CPU V2.0 及以上版本）。S7 通信支持两种方式：一种是基于客户端（Client）/服务器（Server）的单边通信；另一种是基于伙伴（Partner）/伙伴（Partner）的双边通信。S7-1200 仅支持 S7 客户端（Client）/服务器（Server）的单边通信。在该模式下，只需要在客户端一侧进行配置和编程；服务器一侧只需要准备好被访问的数据，不需要任何编程（服务器的"服务"功能是由硬件提供的，不需要用户软件的任务设置）。

客户端是资源的索取者，而服务器则是资源的提供者。服务器（Server）通常是 S7 PLC 的 CPU，它的资源就是其内部的变量/数据等。客户端通过 S7 通信协议，对服务器的数据进行读取或写入的操作。

常见的客户端包括人机界面（HMI）、编程电脑（PG/PC）等。当两台 S7-PLC 进行 S7 通信时，可以把一台设置为客户端，另一台设置为服务器。

7.3.2 PUT/GET 指令

PUT 指令用于将数据写入一个远程 CPU，PUT 指令块如图 7.29 所示。

控制输入 REQ 的上升沿启动指令；写入区的相关指针（ADDR_i）和数据（SD_i）随后会发送给伙伴 CPU。伙伴 CPU 则可以处于 RUN 模式或 STOP 模

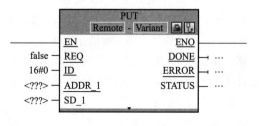

图 7.29 PUT 指令块

式。从已组态的发送区域中（SD_i）复制了待发送的数据。伙伴 CPU 将发送的数据保存在该数据提供的地址之中，并返回一个执行应答。如果没有出现错误，下一次指令调用时，会使用状态参数 DONE=1 来进行标识。上一作业已经结束，方可再次激活写入过程。如果写入数据时访问出错，或未通过执行检查，则会通过 ERROR 和 STATUS 输出错误和警告。使用指令的要求已在伙伴 CPU 属性的"保护"（Protection）中激活"允许借助 PUT/GET 通信从远程伙伴访问"函数。使用 PUT 指令访问的块是通过访问类型"标准"创建的。应确保由参数 ADDR_i 和 SD_i 定义的区域在数量、长度和数据类型等方面都匹配。待写入区域（ADDR_i 参数）必须与发送区域（SD_i 参数）一样大。

指令 GET 用于从远程 CPU 读取数据，GET 指令块如图 7.30 所示。

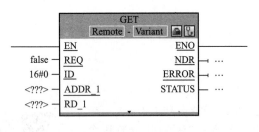

图 7.30 GET 指令块

控制输入 REQ 的上升沿启动指令：要读出的区域的相关指针（ADDR_i）随后会发送给伙伴 CPU。伙伴 CPU 则可以处于 RUN 模式或 STOP 模式。伙伴 CPU 返回数据：如果回复超出最大用户数据长度，那么将在 STATUS 参数处显示错误代码"2"。下次调用时，会将所接收到的数据复制到已组态的接收区（RD_i）中。如果状态参数 NDR 的值变为"1"，则表示该动作已经完成。只有在前一读取过程已经结束，方可再次激活读取功能。如果读取数据时访问出错，或未通过数据类型检查，则会通过 ERROR 和 STATUS 输出错误和警告。GET 指令不会记录伙伴 CPU 上所寻址到的数据区域中的变化。使用指令的要求已在伙伴 CPU 属性的"保护"（Protection）中激活"允许借助 PUT/GET 通信从远程伙伴访问"函数。使用 GET 指令访问的块是通过访问类型"标准"创建的。应确保由参数 ADDR_i 和 SD_i 定义的区域在数量、长度和数据类型等方面都匹配。待读取的区域（ADDR_i 参数）不能大于存储数据的区域（RD_i 参数）。

7.3.3 网络组态

第一步：使用博途软件创建一个新项目，并通过"添加新设备"组态 S7-1200 站服务器，CPU 选择 1215C DC/DC/DC，版本为 V4.2（服务器 IP 为 192.168.0.14），接着组态另一个 S7-1200 站客户机，CPU 选择 1215C DC/DC/DC，版本为 V4.2（客户机 IP 为 192.168.0.13），如图 7.31 所示。

第二步：在组态 PLC 时，务必勾选"允许来自远程对象的 PUT/GET 通信访问"复选框，如图 7.32 所示。

第三步：在"设备组态"中，选择"网络视图"进行配置网络，单击左上角的"连

图 7.31 创建两台 PLC 工程项目

接"图标,在连接框中选择"S7 连接",然后选中客户端,使用鼠标右键单击,在弹出的快捷菜单中选择"添加新连接"选项,在"创建新连接"对话框中,选择连接对象服务器,勾选"主动建立连接"复选框后建立新连接,如图 7.33 所示。

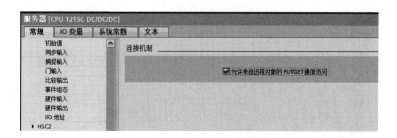

图 7.32 组态 PUT/GET 通信

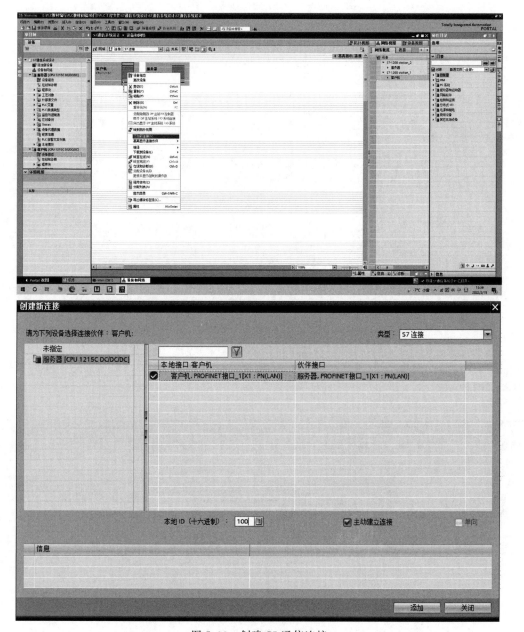

图 7.33 创建 S7 通信连接

第四步：在"连接"选项卡中，可以看到已经建立的"S7_连接_1"，如图7.34所示。

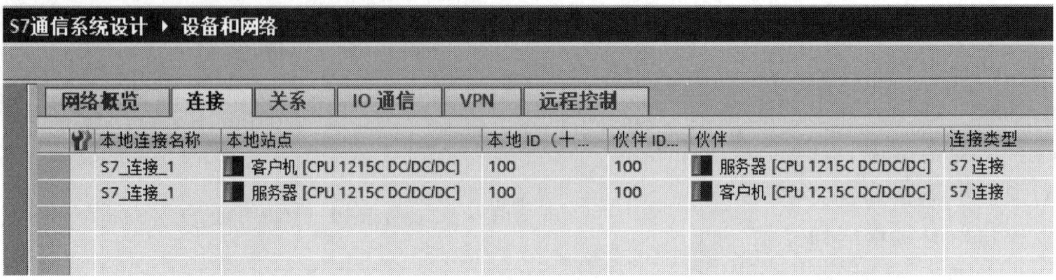

图 7.34　S7 通信连接状态

第五步：单击上面的连接，在"S7_连接_1"的连接属性中可查看各参数，如图7.35所示。在"常规"中显示连接双方的设备和 IP 地址。

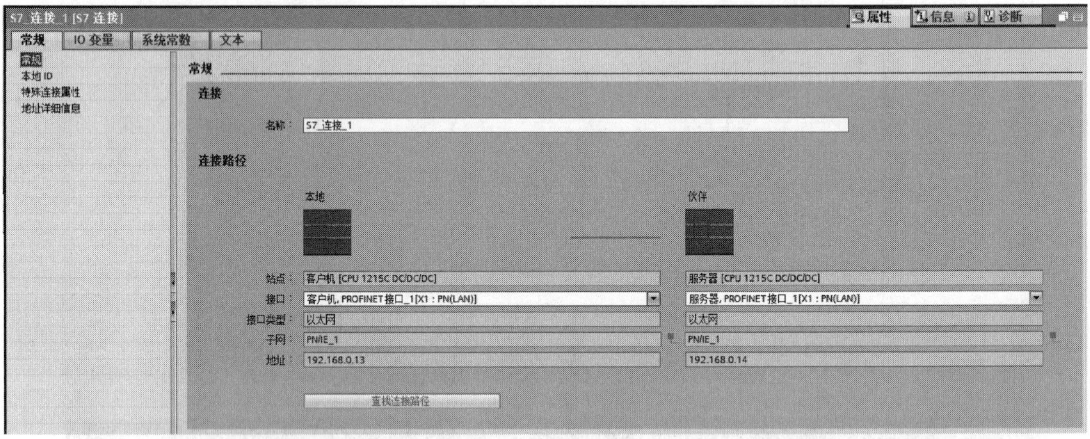

图 7.35　S7 连接参数设置

第六步：在"本地 ID"中显示通信连接的 ID 号，这里 ID=W#16#100（编程使用）。如图 7.36 所示。

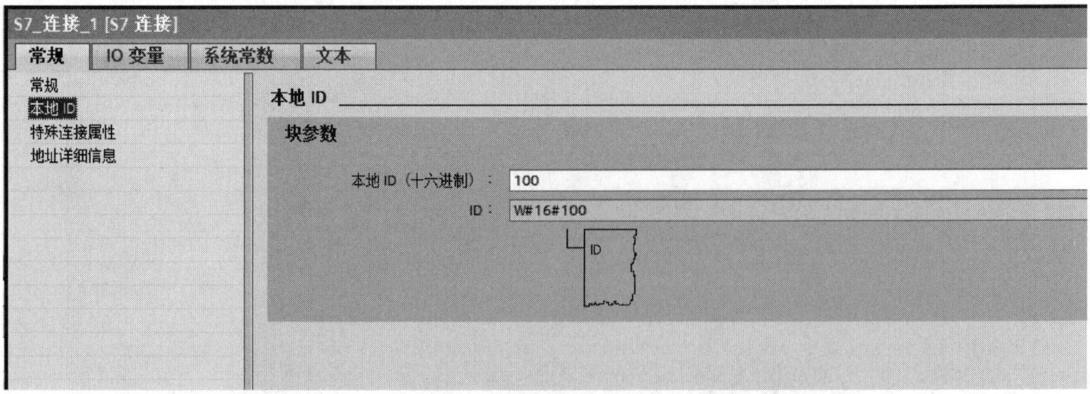

图 7.36　查询通信连接 ID 号

第七步：配置完网络连接，双方都编译存盘并下载。如果通信连接正常，连接在线状态，如图 7.37 所示。

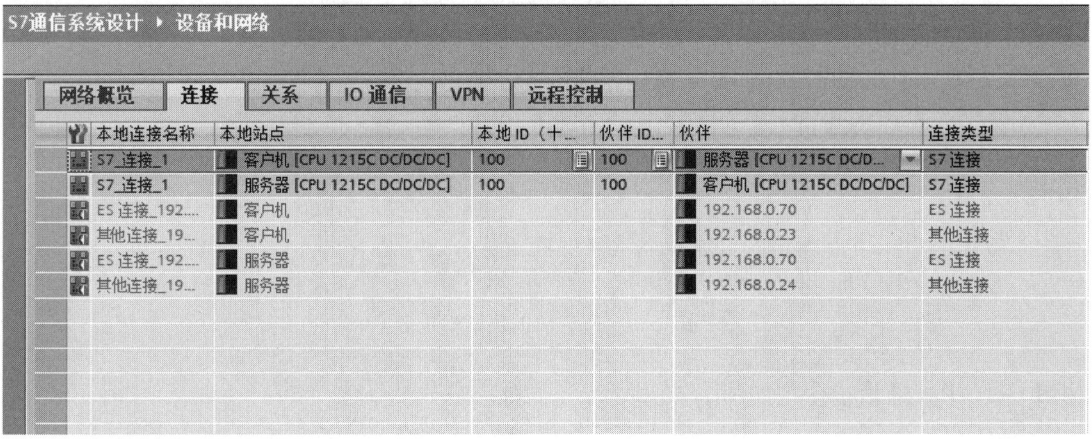

图 7.37　S7 通信状态监视

7.3.4　通信程序

在服务器和客户机的 PLC 中分别建立两个数据块用于发送和接收数据，如图 7.38 所示。

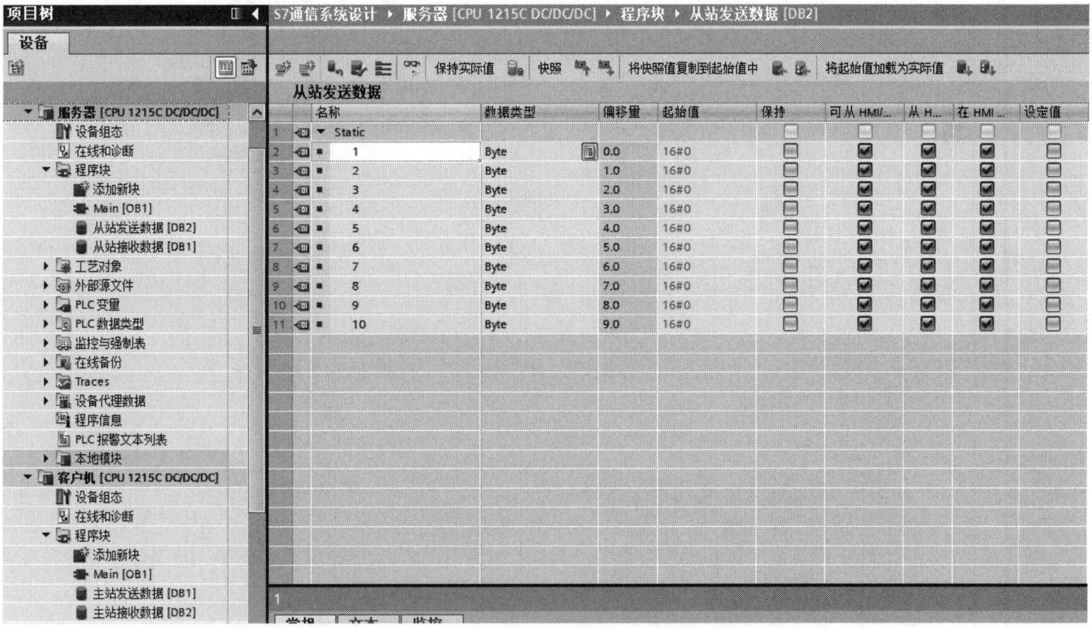

图 7.38　建立通信数据块

注意：数据块的属性中，需要取消"优化的块访问"的勾选，如图 7.39 所示。
在主动连接侧编程（客户机 V4.2 CPU），在 OB1 中，从"通信"→"S7 通信"指令下

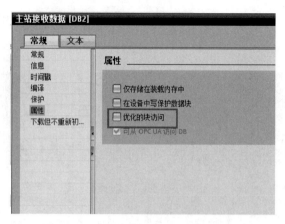

图 7.39 通信数据块属性设置

调用 Get、Put 通信指令，如图 7.40 所示。

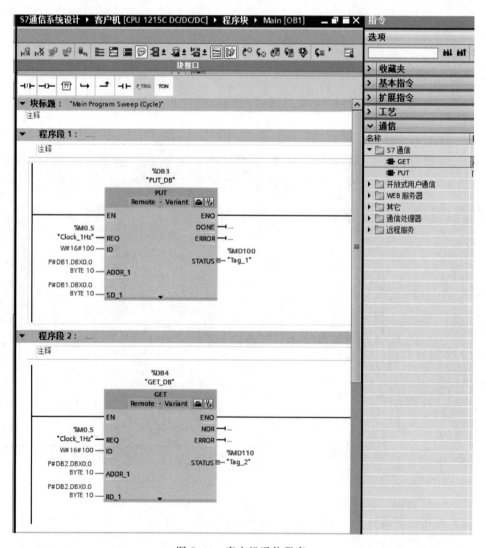

图 7.40 客户机通信程序

在 PUT 和 GET 指令块中，REQ 采用 1Hz 时钟脉冲触发收发指令，ID 号要与连接配置中一致，创建连接时的本地连接号。ADDR_1 为通信伙伴数据区的地址，SD_1 为本地收发数据区的地址。应确保参数 ADDR_i 和 SD_i 定义的区域在数量、长度和数据类型等方面都匹配。

【任务实施】

第一步：打开博途软件。单击"创建新项目"选项，创建一个新的 S7-1200 PLC 项目，项目名称为"S7 通信系统设计"。单击打开项目视图，在项目树中单击添加两个新设备，设备名称分别为"服务器"和"客户机"。分别设置服务器和客户机的 IP 地址。在"连接机制"中一定要勾选"允许来自远程对象的 PUT/GET 通信访问"复选框。

第二步：组态网络，编写相应的通信程序，并配置 PUT 和 GET 指令块的参数，在 PUT 和 GET 指令块中，REQ 采用 1Hz 时钟脉冲触发收发指令，ID 号要与连接配置中一致，创建连接时的本地连接号。ADDR_1 为通信伙伴数据区的地址，SD_1 为本地收发数据区的地址。应确保参数 ADDR_i 和 SD_i 定义的区域在数量、长度和数据类型等方面都匹配。

将客户机和服务器端的程序进行编译，分别下载至 PLC 中。下载完成后，将两台 PLC 转至在线并启用监视。指令块 STATUS 为 0，表示通信正常，如图 7.41 所示。

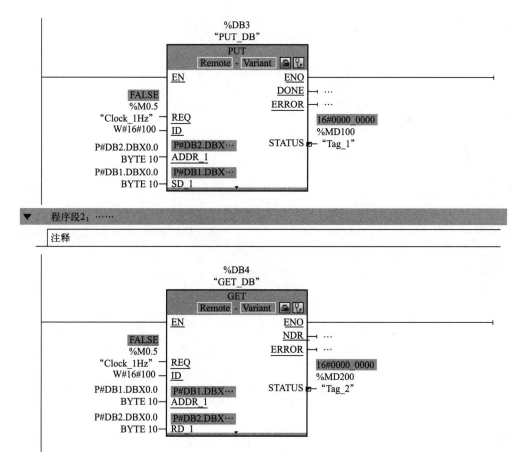

图 7.41　S7 通信系统监视状态

学习笔记

【任务评价】

班级：_____ 姓名：_____ 学号：_____ 时间：_____

序号	评价内容	评价要点	分值	得分
1	PLC 硬件接线	能正确连接两台 PLC	10	
2	PLC 硬件接线	能正确连接指示灯与 PLC 输出点	10	
3	PLC 硬件接线	能正确连接 PLC 电源	5	
4	PLC 硬件接线	能正确连接 PLC 下载线	5	
5	PLC 程序编写	能创建 PLC 工程	10	
6	PLC 程序编写	能正确选择 PLC 型号	10	
7	PLC 程序编写	能正确设置 PLC 地址	10	
8	PLC 程序编写	能正确编写梯形图程序	10	
9	PLC 程序编写	能修改 PLC 变量名称	10	
10	调试运行	两台 PLC 能够进行通信	10	
11	调试运行	能在线监控 PLC 程序	10	
		合计得分		

教师点评

【课后练习】

班级：_____　　姓名：_____　　学号：_____　　时间：_____

练习题目	设计 PLC 程序，按下 PLC1 上连接的按钮 SB1，点亮 PLC2 上连接的指示灯。按下 PLC2 上连接的按钮 SB2，点亮 PLC1 上连接的指示灯，采用 S7 通信
接线图	
PLC 程序	

项目 8

智能传感器系统设计

中国共产党第二十次全国代表大会报告指出推动制造业高端化、智能化、绿色化发展。智能传感器已广泛应用于航天、航空、国防、科技和工农业生产等各个领域中。例如,它在机器人领域中有着广阔应用前景,智能传感器使机器人具有类人的五官和大脑功能,可感知各种现象,完成各种动作。智能传感器是实现工业 4.0 的基础,工业 4.0 已成为国家战略的一部分,智能制造是国家工业变革的关键,智能工业传感器在制造中的角色越来越重要。

任务 8.1 称重传感器系统设计

用西门子 S7-1200 系列 PLC 完成称重传感器系统的设计。称重传感器主要应用在各种电子衡器、工业控制、在线控制、安全过载报警、材料试验机等领域,如电子汽车衡、电子台秤、电子叉车、动态轴重秤、电子吊钩秤、电子计价秤、电子钢材秤、电子轨道衡、料斗秤、配料秤、罐装秤等。

【任务目标】

① 掌握利用西门子 S7-1200 系列 PLC 设计称重传感器系统的方法;
② 会利用西门子 S7-1200 系列 PLC 设计称重传感器程序;
③ 培养安全意识,注重提高工作效率。

【任务描述】

将要称重的物体放到称重传感器上,能实时读取并监视重量数据变化。

【任务资讯】

8.1.1 称重智能显示控制仪表介绍

仪表采用 24 位 A/D 转换器,与各类传感、变送器配合,实现对压力、流量、物位、成分分析以及力和机械量等物理参数的测量、显示、报警监控、数据采集和记录,外形如图 8.1 所示。

称重传感器系统设计

(1) 技术参数

① 输入方式:mV 信号、标准变送信号或频率信号。
② 测量精度:±0.1% (FS)/(23℃±5℃)。

图 8.1　称重智能显示控制仪表

③ 采样速度：慢速（10SPS）；快速（40SPS）。
④ 显示范围：－9999～＋9999。
⑤ 模拟量输出：0～5V；1～5V；4～20mA。
⑥ 通信接口：RS-485 双向接口、多机地址范围为 0～99。
⑦ 波特率：2400～38400bps。

(2) 称重智能显示控制仪面板

控制面板如图 8.2 所示。

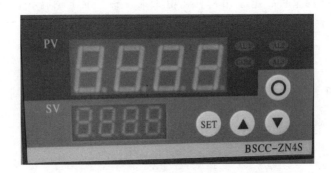

图 8.2　控制面板

[SET] 键：设置键。

[▲] 键：增加键。在设置状态下，按增加键可实现数字增加，长按可实现数字快速增加。

[▼] 键：减少键。在设置状态下，按减少键可实现数字减少，长按可实现数字快速减少。

[○] 键：移位清零键盘。在测量状态下，按该键实现清零操作；在设置状态下，按该键可实现闪烁位移位。

(3) 安装与接线

S+为传感器信号正；S−为传感器信号负；E+为传感器电源正；E−为传感器电源负；L 为 220VAC 电源 L 相或 24VDC 电源正；N 为交流电源 N 相或 24VDC 电源负，如图 8.3 所示。

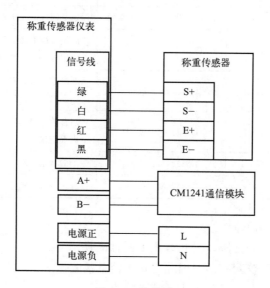

图 8.3　接线图

8.1.2　PTP 串口通信

① 用户程序使用 Send_P2P 和 Receive_P2P 指令实现自由口通信，向通信接口发送数据，并从中接收数据。CM 向通信站发送数据，并从中接收数据。

② 使用 CM1241，仅固件版本 V2.1　及以上版本的模块，该指令才能与 CM1241 一同使用。

③ 使用 RCV_PTP 指令可启用已发送消息的接收，必须单独启用每条消息。只有相关通信伙伴确认消息后，发送的数据才会传送到接收区中。

④ 在用户程序开始自由口通信之前，必须组态通信接口和收发数据的参数。

8.1.3　RCV_PTP 启用消息接收

RCV_PTP 指令用于启用已发送消息的接收，必须单独启用每条消息。只有相关通信伙伴确认消息后，发送的数据才会传送到接收区中。功能块如图 8.4 所示。

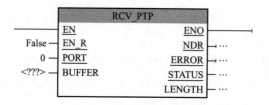

图 8.4　RCV_PTP 启用消息接收功能块

PCV_PTP 参数说明如表 8.1 所示。

表 8.1　RCV_PTP 参数说明表

参数	声明	数据类型	存储区	说明
EN_R	Input	Bool	I、Q、M、D、L 或常量	在上升沿启用接收
PORT	Input	Port	I、Q、M、D、L 或常量	标识通信端口（HW-ID）
BUFFER	Input	Variant	I、Q、M、D、L 或常量	指向接收缓冲区的起始地址，不要在接收缓冲区中使用 String 类型的变量
NDR	Output	Bool	I、Q、M、D、L	状态参数，可具有以下值：0 表示作业尚未启动或仍在执行；1 表示作业已执行，且无任何错误
ERROR	Output	Bool	I、Q、M、D、L	状态参数，可具有以下值：0 表示无错误；1 表示出现错误
STATUS	Output	Word	I、Q、M、D、L	指令的状态
LENGTH	Output	Uint	I、Q、M、D、L	接收缓冲区中消息的长度

STATUS 参数说明如下。

80E0：由于接收缓冲区已满，因此终止了消息接收。

80E1：由于出现奇偶校验错误，因此终止了消息接收。

80E2：由于出现帧错误，因此终止了消息接收。

80E3：由于出现溢出错误，因此终止了消息接收。

80E4：由于计算的消息长度（N+LEN+M）超过接收缓冲区大小，因此终止了消息接收。

8080：为通信端口号输入的标识符无效。

8088：BUFFER 参数采用了 String 数据类型。

0094：由于接收了最大字符长度，因此终止了消息接收。

0095：由于出现超时，因此终止了消息接收。

0096：由于出现字符串内超时，因此终止了消息接收。

0097：由于出现应答超时，因此终止了消息接收。

0098：由于满足了"N+LEN+M"长度条件，因此终止了消息接收。

0099：由于接收到定义的结束条件字符串，因此终止了消息接收。

8.1.4　控制程序

西门子 S7-1200 系列 PLC 与称重智能显示控制仪通过自由口通信，通信方式为点到点，西门子 S7-1200 系列 PLC 读取传感器数据调用指令 RCV_PTP，如图 8.5 所示。

在"硬件目录"里找到"通信模块"→"点到点"→"CM1241（RS485）"选项，双击或拖曳此模块至 CPU 左侧，如图 8.6 所示。

在"设备视图"中选中"CM1241（RS485）"模块，在"属性"→"端口组态"中配置此模块硬件接口参数。设置传输率=9.6Kbps，奇偶校验=无奇偶校验，数据位=8 位字符，停止位=1，其他保持默认，如图 8.7 所示。

程序调用 RCV_PTP 指令，如图 8.8 所示。

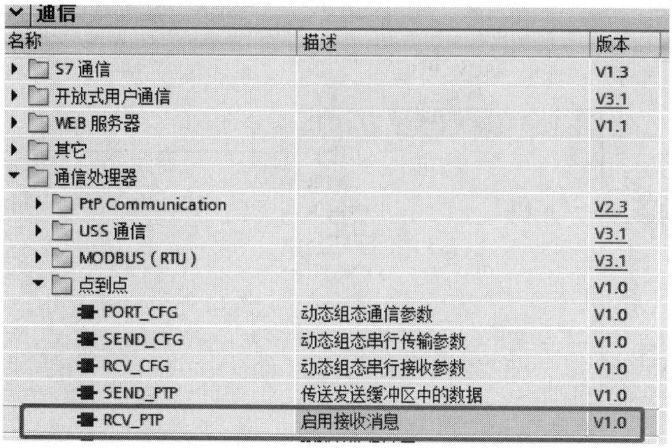

项目 8　智能传感器系统设计

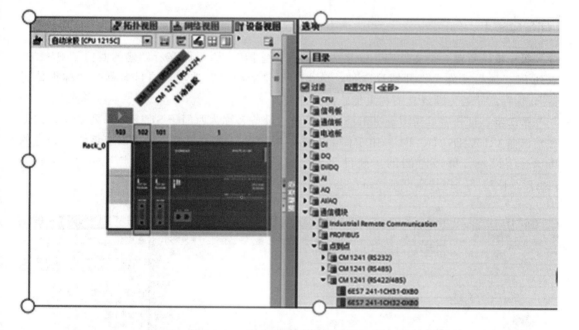

图 8.5　西门子 S7-1200 系列 PLC 读取传感器数据调用指令

图 8.6　组态 Modbus RTU 通信模块

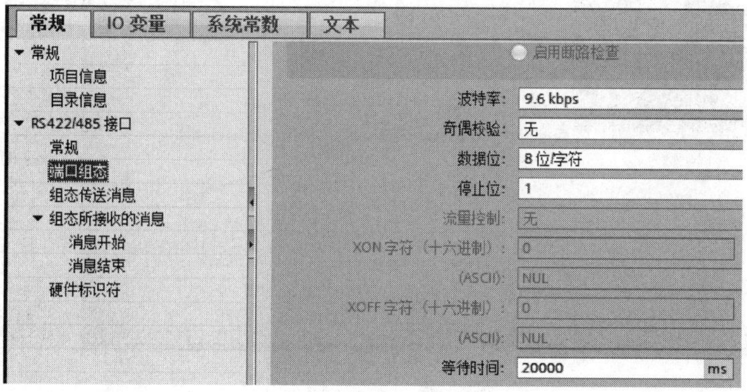

图 8.7　端口组态

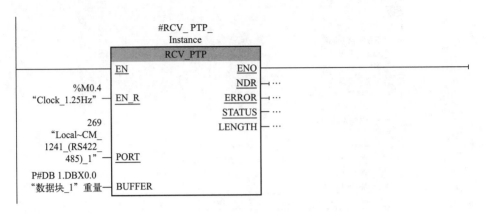

图 8.8 程序调用 RCV_PTP 指令

【任务实施】

第一步：新建一个文件夹，命名为"称重传感器"，用于保存所创建的西门子 S7-1200 系列 PLC 项目文件。打开博途软件，单击"创建新项目"选项，项目名称为"称重传感器"，保存的路径为新建立的称重传感器文件夹。

第二步：打开项目视图，单击添加新设备，设备名称为西门子 S7-1200 系列 PLC，CPU 型号选择 1215C DC/DC/DC。由于称重传感器采用串口通信的方式，所以应该添加相应的串口通信设备，单击左侧的"硬件目录"→"通信模块"→"点到点"→"CM 1241 (RS422/485)"，将其拖曳至设备组态，如图 8.9 所示。

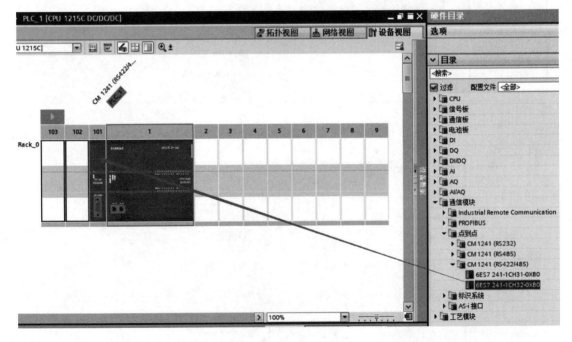

图 8.9 组态通信模块

第三步： 双击西门子 S7-120 系列 PLC 图标，在“以太网地址”中选择 IP 地址为“192.168.0.16”，启用系统和时钟存储器。在“连接机制”中，勾选“允许来自远程对象的 PUT/GET 访问”复选框。

第四步： 编写西门子 S7-1200 系列 PLC 程序，双击打开 main 函数块，由于称重传感器只需接收相应的数据，添加一个新的数据块用于保存称重传感器传输过来的重量数据。建立 10 个字节的 Int 型数据，如图 8.10 所示。

称重传感器 ▸ PLC_1 [CPU 1215C DC/DC/DC] ▸ 程序块 ▸ 重量 [DB1]

保持实际值　快照　将快照值复制到起始值中

重量

	名称	数据类型	偏移量	起始值
1	▼ Static			
2	1	Int	0.0	0
3	2	Int	2.0	0
4	3	Int	4.0	0
5	4	Int	6.0	0
6	5	Int	8.0	0
7	6	Int	10.0	0
8	7	Int	12.0	0
9	8	Int	14.0	0
10	9	Int	16.0	0
11	10	Int	18.0	0

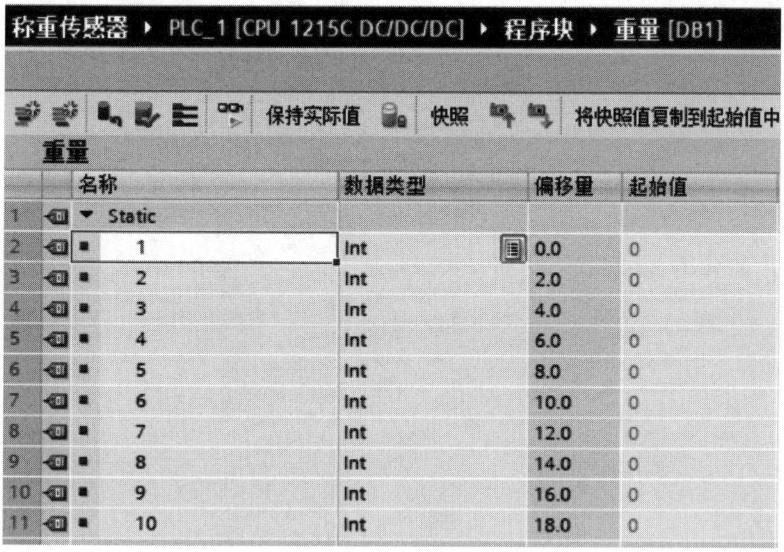

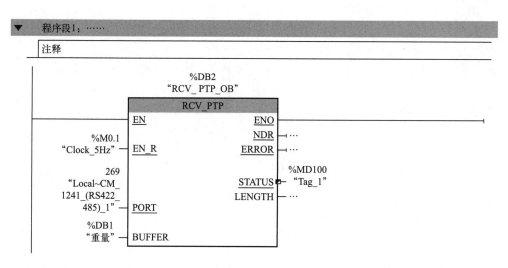

图 8.10　建立数据块

第五步： 打开 Main 函数块，称重传感器仪表采用自由口通信方式，在主程序中添加如图 8.11 所示程序块。

图 8.11　称重仪表通信程序

第六步： 编译梯形图程序，并其下载至西门子 S7-1200 系列 PLC 中，启动设备监视，程序块 STATUS 为 0，表示通信正常。注意：重量存放在数据块的第七个变量中，如图 8.12 所示。

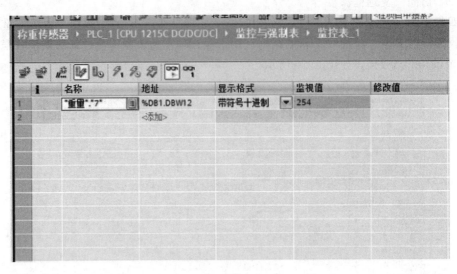

图 8.12　称重传感器监视

【任务评价】

班级：_____ 姓名：_____ 学号：_____ 时间：_____

序号	评价内容	评价要点	分值	得分
1	西门子 S7-1200 系列 PLC 硬件接线	能正确连接西门子 S7-1200 系列 PLC 通信模块与称重仪表模块	10	
2		能正确设置称重仪表参数	10	
3		能正确连接西门子 S7-1200 系列 PLC 电源	5	
4		能正确连接西门子 S7-1200 系列 PLC 下载线	5	
5	西门子 S7-1200 系列 PLC 程序编写	能创建西门子 S7-1200 系列 PLC 工程	10	
6		能正确选择西门子 S7-1200 系列 PLC 型号	10	
7		能正确设置西门子 S7-1200 系列 PLC 地址	10	
8		能正确编写梯形图程序	10	
9		能修改西门子 S7-1200 系列 PLC 变量名称	10	
10	调试运行	能读取称重仪表重量数据	10	
11		能在线监控西门子 S7-1200 系列 PLC 程序	10	
		合计得分		

教师点评

【课后练习】

班级：_____ 姓名：_____ 学号：_____ 时间：_____

练习题目	设计 PLC 程序及人机界面，可在人机界面显示称重传感器重量，并可设置合格重量范围，当检测重量在合格重量范围内，指示灯熄灭，当检测重量不在合格重量范围内，指示灯点亮
HMI 人机界面	
PLC 程序	

任务 8.2　RFID 系统设计

RFID 是 Radio Frequency Identification 的缩写，即射频识别，它是一种非接触式的自动识别技术，基本由电子标签（Tag）、阅读器（Reader）、数据交换与管理系统（Processor）三大部分组成。

RFID 通过射频信号自动识别目标对象并获取相关数据，识别工作无需人工干预，可工作于各种恶劣环境，此外，RFID 技术可识别高速运动物体，并可同时识别多个标签。

【任务目标】

① 能够对 RFID 进行组态；
② 能够对 RFID 参数进行设置；
③ 能编写 RFID 读写程序；
④ 培养创新设计能力。

【任务描述】

首先对 RFID 进行组态和参数设置，通过 RFID 状态指示灯判断当前工作状态，然后对 RFID 芯片进行读写操作，写入的数据正确显示到人机界面中。

【任务资讯】

8.2.1　RFID 设备工作原理

当装有无源电子标签的物体在距离 0～10m 范围内接近读写器时，读写器受控发出微波查询信号；安装在物体表面的电子标签收到读写器的查询信号后，将此信号与标签中的数据信息合成一体反射回电子标签读出装置，反射回的微波合成信号已携带有电子标签数据信息，读写器接收到电子标签反射回的微波合成信号，经读写器内部微处理器处理后，即可将电子标签储存的识别代码等信息分离读取出。

8.2.2　Reset_RF300 功能块

Reset_RF300 功能块如图 8.13 所示，调用 Rest_RF300、Read、Write 功能块时，Protal V14 将所需数据类型 IID_HW_CONNECT 自动添加到"西门子 S7-1200 系列 PLC data types"（西门子 S7-1200 系列 PLC 数据类型）中。

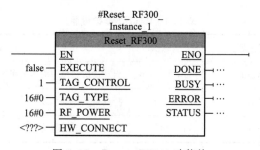

图 8.13　Reset_RF300 功能块

Reset_RF300 参数如表 8.2 所示。

表 8.2 Reset_RF300 参数

参数	数据类型	默认值	描述
TAG_CONTROL	Byte	1	存在性检查： 0＝关闭 1＝打开 4＝存在（天线已关闭。只有在已发送 Read 或 Write 命令时，天线才会打开）
TAG_TYPE	Byte	0	发送应答器类型： 1＝每个 ISO 发送应答器 0＝RF300 发送应答器
RF_POWER	Byte	0	输出功率，仅适用于 RF380R

8.2.3 Read 块

Read 块从发送应答器读取用户数据，并将这些数据输入"IDENT_DATA"缓冲区中。数据的物理地址和长度通过"ADDR_TAG"和"LEN_DATA"参数传送。功能块如图 8.14 所示。

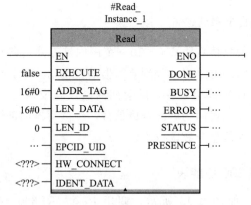

图 8.14 Read 功能块

Read 块参数设置如表 8.3 所示。

表 8.3 Read 块参数设置

参数	数据类型	默认值	描述
ADDR_TAG	DWord	DW#16#0	启动读取的发送应答器所在的物理地址
LEN_DATA	Word	W#16#0	待读取数据的长度
LEN_ID	Byte	B#16#0	EPC-ID/UID 的长度

参数	数据类型	默认值	描述
EPCID_UID	Array [1…62] of Byte	0	用于最多 62 字节 EPC-ID、8 字节 UID 或 4 字节处理 ID 的缓冲区
IDENT_DATA	Any/Variant	0	存储读取数据的缓冲区

8.2.4 Write 块

Write 块用于将"IDENT_DATA"缓冲区中的用户数据写入发送应答器。数据的物理地址和长度通过"ADDR_TAG"和"LEN_DATA"参数传送。功能块如图 8.15 所示。

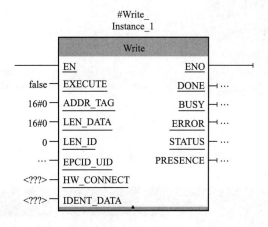

图 8.15 Write 功能块

Write 块参数设置如表 8.4 所示。

表 8.4 Write 块参数设置

参数	数据类型	默认值	描述
ADDR_TAG	DWord	DW#16#0	启动写入的发送应答器所在的物理地址
LEN_DATA	Word	W#16#0	待写入数据的长度
LEN_ID	Byte	B#16#0	EPC-ID/UID 的长度
EPCID_UID	Array [1…62] of Byte	0	用于最多 62 字节 EPC-ID、8 字节 UID 或 4 字节处理 ID 的缓冲区
IDENT_DATA	Any/Variant	0	包含待写入数据的缓冲区

8.2.5 RFID 传感器组态

第一步：打开 Protal V15 软件，创建新工程。添加 CPU，硬件组态。选择西门子 S7-1200 系列 PLC，CPU 选择 1215C DC/DC/DC（订货号为 6ES7215-1AG40-0XB0），版本选择 V4.0，如图 8.16 所示。

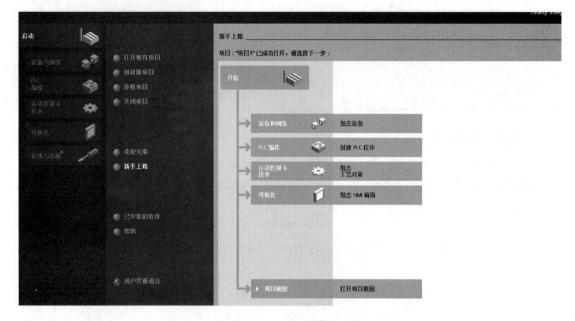

图 8.16 创建新工程

第二步：添加 CPU，硬件组态如图 8.17 所示。

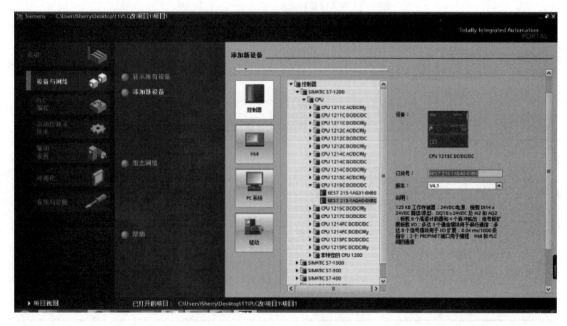

图 8.17 硬件组态

第三步：网络设置（名称和 IP 地址），在属性窗口中选择"PROFINET 接口 [X1]"，添加子网，并设置西门子 S7-1200 系列 PLC 的 IP 地址为"192.168.0.13"，"子网掩码"为"255.255.255.0"，依次组态其他设备，如图 8.18 所示。

第四步：添加 RF120C 通信模块，如图 8.19 所示。

项目 8　智能传感器系统设计

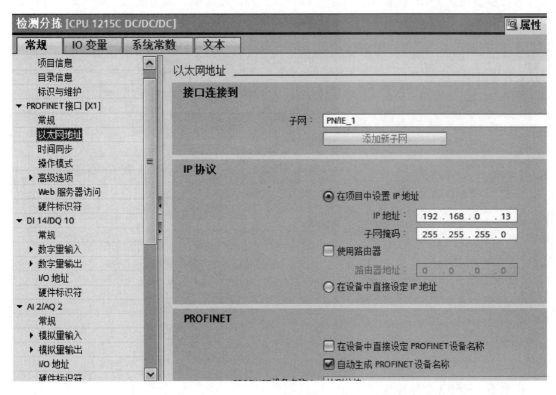

图 8.18　网络设置

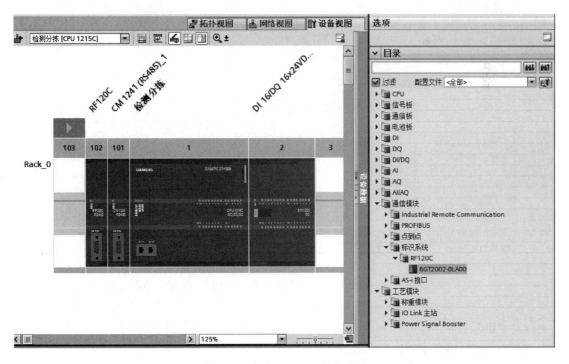

图 8.19　添加 RF120C 通信模块

第五步：设置 Ident 设备系统光学读取器参数和传输速率，其余默认，如图 8.20 所示。

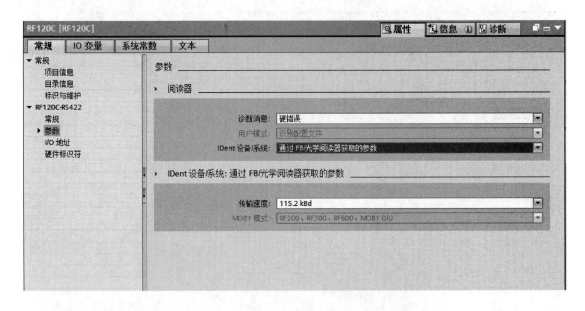

图 8.20　设置 Ident 设备系统光学读取器参数

8.2.6　RFID 读写程序

（1）复位程序

RFID 复位程序示例如图 8.21 所示。

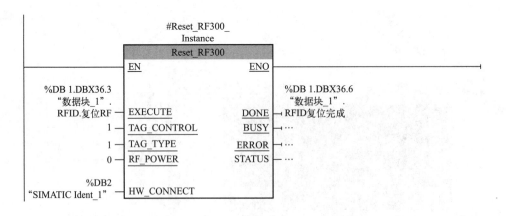

图 8.21　RFID 复位程序示例

（2）"读"程序

RFID "读" 程序示例如图 8.22 所示。

（3）"写"程序

RFID "写" 程序示例如图 8.23 所示。

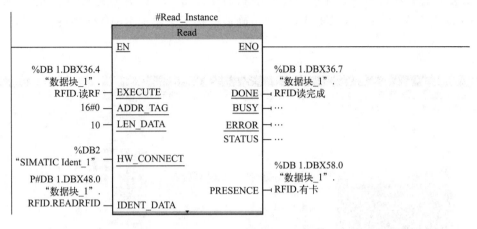

图 8.22 RFID"读"程序示例

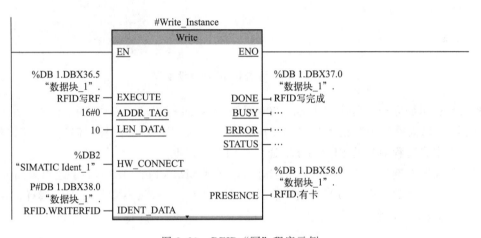

图 8.23 RFID"写"程序示例

【任务实施】

第一步：新建一个文件夹，命名为"RFID"，用于保存创建的西门子 S7-1200 系列 PLC 项目文件，打开博途软件，单击"创建新项目"选项，项目名称为"RFID"，保存文件夹的路径为新建立的 RFID 文件夹，单击"创建"按钮，如图 8.24 所示。

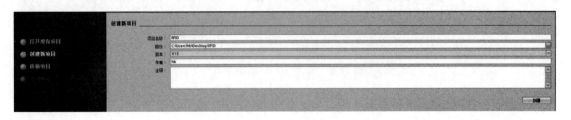

图 8.24 创建西门子 S7-1200 系列 PLC 工程

第二步：打开项目视图，在项目树单击添加新设备，PLC 类型为西门子 S7-1200 系列 PLC，CPU 类型为 1215C DC/DC/DC，单击确认。接下来添加 RFID 硬件设备，如图 8.25 所示。

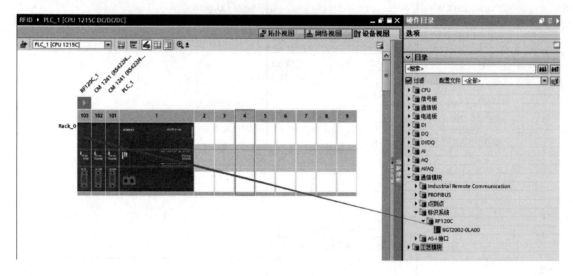

图 8.25　添加 RFID 硬件设备

第三步：添加完毕，对西门子 S7-1200 系列 PLC 进行组态，双击西门子 S7-1200 系列 PLC 图标，"以太网地址"设置为"192.168.0.16"，启用系统和时钟存储器，"连接机制"勾选"允许来自远程对象的 PUT/GET 通信访问"复选框。

在项目视图左侧的项目树上单击工艺对象，找到 SIMATIC_IDENT 工艺对象对其进行组态。在"基本参数"中，"Ident 设备"选择 RF120C；"阅读器参数分配"选择"RF300 general"，如图 8.26 所示。

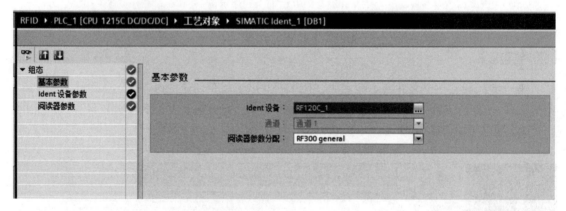

图 8.26　组态 RFID 基本参数

第四步：在"Ident 设备参数"中，"Ident 设备/系统"选择"通过 FB/光学阅读器获取的参数"，如图 8.27 所示。

第五步：在"阅读器参数"中，"转发器类型"选择 RF300，如图 8.28 所示。

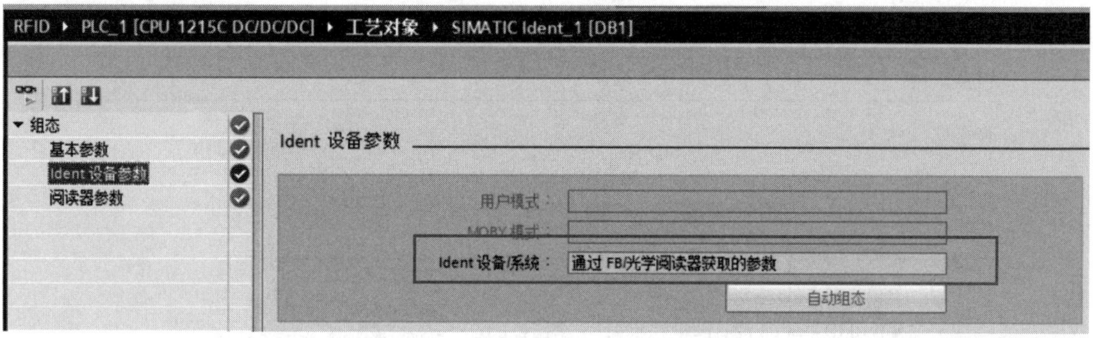

图 8.27 组态 RFID Ident 设备参数

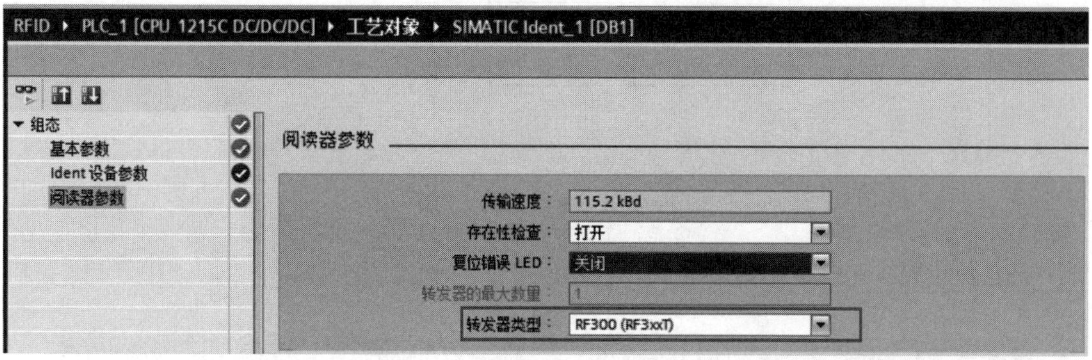

图 8.28 组态 RFID 阅读器参数

第六步：设置完毕即 RFID 组态完成。接下来添加两个数据块，分别用于读/写 RFID 数据。每个数据块有 10 个字节的数据变量。但 RFID 可以存储 255 个字节，本例中只用 10 个字节即可，如图 8.29 所示。

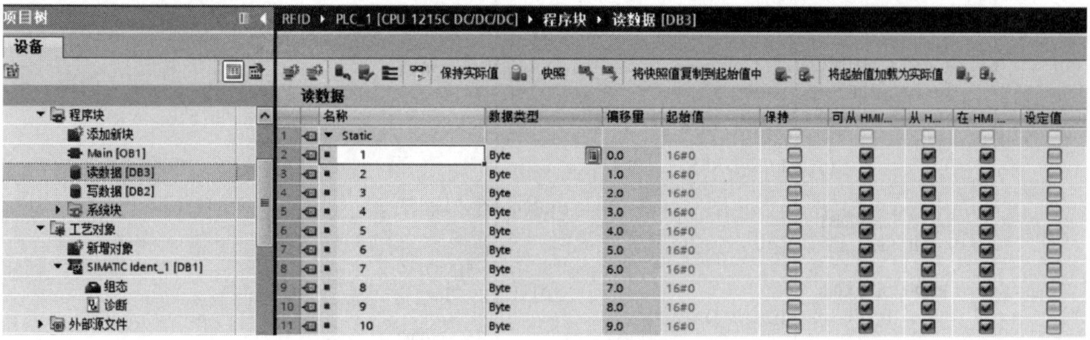

图 8.29 创建读写数据块

注意：一定要在数据块属性中将"优化的块访问"取消勾选。

第七步：建立两个数据块。接下来编写 RFID 的程序，首先完成 RFID 复位块程序，如图 8.30 所示。

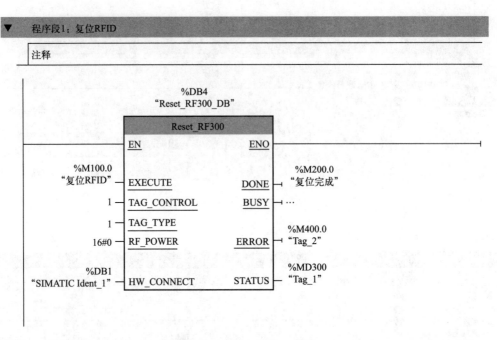

图 8.30　RFID 复位块程序

第八步：编写如图 8.31 所示的写 RFID 程序块。

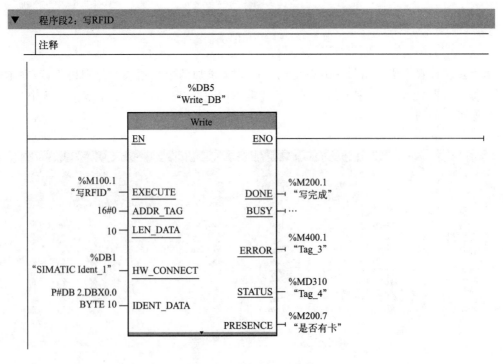

图 8.31　写 RFID 程序块

第九步：编写如图 8.32 所示的读 RFID 程序块。

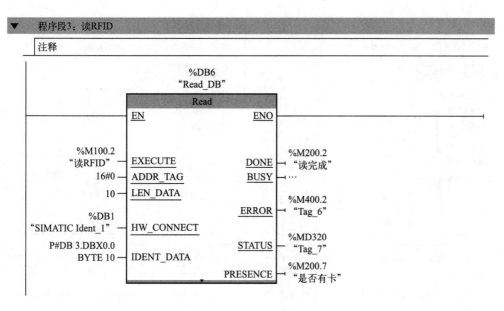

图 8.32 读 RFID 程序块

第十步：编写 RFID 控制程序，如图 8.33 所示。

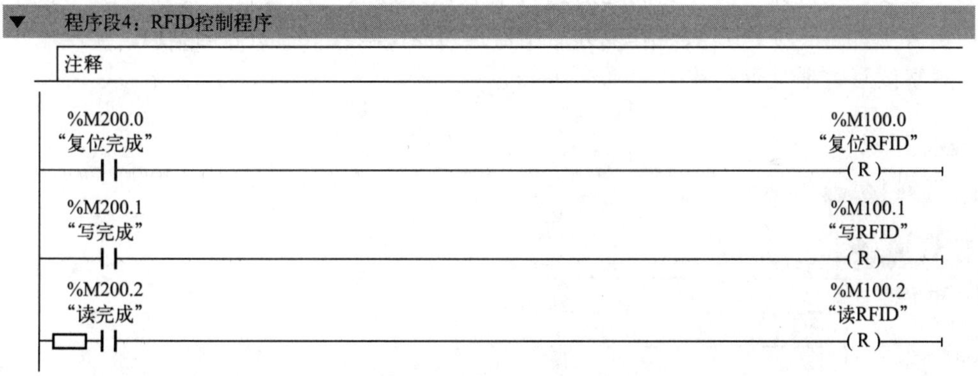

图 8.33 RFID 控制程序

第十一步：编译程序，将其下载到西门子 S7-1200 系列 PLC 设备中，下载完成，重启西门子 S7-1200 系列 PLC。接下来设计人机交互界面，如图 8.34 所示。

第十二步：在"复位 RFID"按钮的"操作属性"中勾选"数据对象值操作"复选框，并设置为"置1"，关联西门子 S7-1200 系列 PLC 数据对象为 M100.0，如图 8.35 所示。

第十三步：在"写 RFID"按钮的"操作属性"中勾选"数据对象值操作"复选框，并设置为"置1"，关联西门子 S7-1200 系列 PLC 数据对象为 M100.1，如图 8.36 所示。

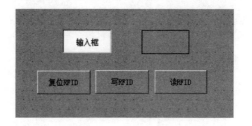

图 8.34 人机交互界面

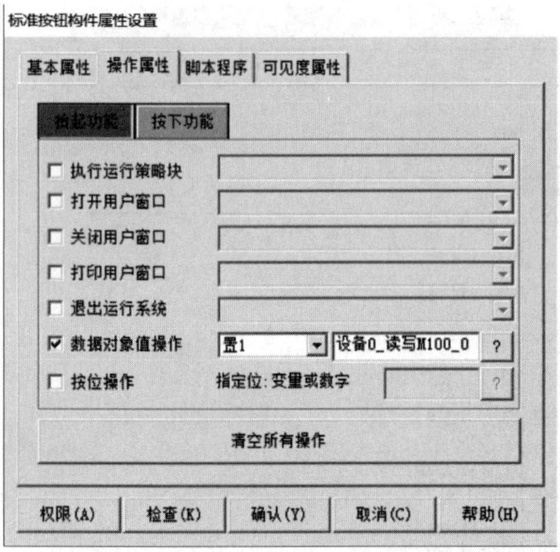

图 8.35 "复位 RFID"按钮的属性设置 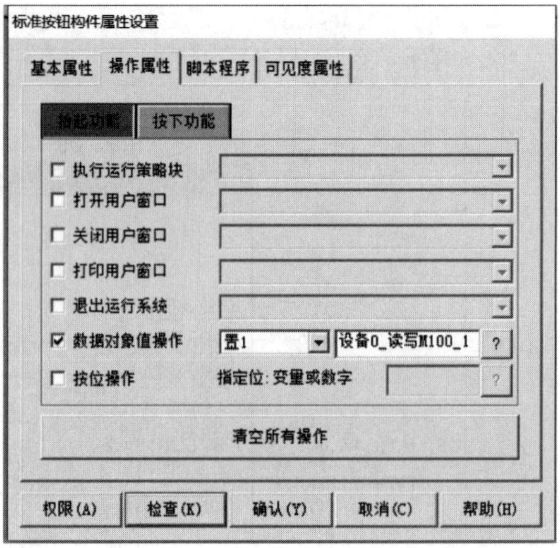　　　图 8.36 "写 RFID"按钮的属性设置

第十四步：在"读 RFID"按钮的"操作属性"中勾选"数据对象值操作"复选框，并设置为"置 1"，关联西门子 S7-1200 系列 PLC 数据对象为 M100.2，如图 8.37 所示。

第十五步：人机界面设计完成之后进行下载，并进入模拟运行环境，如图 8.38 所示。将西门子 S7-1200 系列 PLC 转至在线并启用监视功能。输入数值进行写 RFID 操作，并进行读取，观察读写数据是否一致。

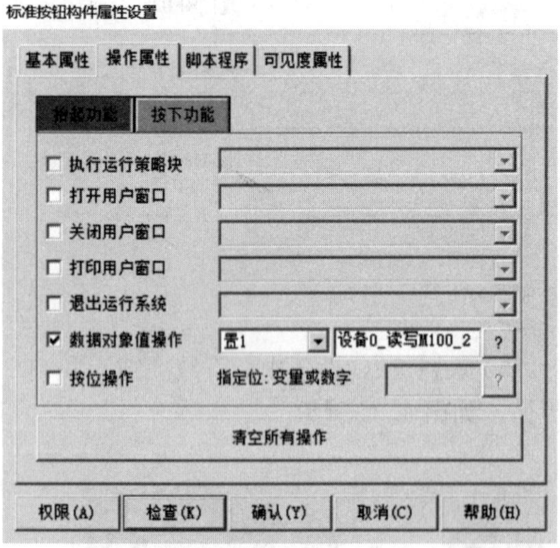

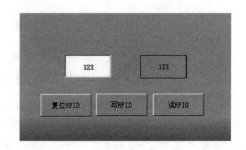

图 8.37 "读 RFID"按钮的属性设置　　　图 8.38 人机界面监视

【任务评价】

班级：_____　姓名：_____　学号：_____　时间：_____

序号	评价内容	评价要点	分值	得分
1	西门子 S7-1200 系列 PLC 硬件接线	能正确连接 RFID	10	
2		能正确连接指示灯与西门子 S7-1200 系列 PLC 输出点	10	
3		能正确连接西门子 S7-1200 系列 PLC 电源	5	
4		能正确连接西门子 S7-1200 系列 PLC 下载线	5	
5	西门子 S7-1200 系列 PLC 程序编写	能创建西门子 S7-1200 系列 PLC 工程	10	
6		能正确选择西门子 S7-1200 系列 PLC 型号	10	
7		能正确设置西门子 S7-1200 系列 PLC 地址	10	
8		能正确编写梯形图程序	10	
9		能修改西门子 S7-1200 系列 PLC 变量名称	10	
10	调试运行	能向 RFID 写入数据	10	
11		能从 RFID 读取数据	10	
		合计得分		

教师点评	

【课后练习】

班级：_____ 姓名：_____ 学号：_____ 时间：_____

练习题目	设计 PLC 程序及人机界面，可对 RFID 实现数据的读写操作，每读出一次数据，就把之前写入的数据减 5，再次写入
HMI 人机界面	
PLC 程序	

任务 8.3　2D 相机视觉识别设计

机器视觉系统在近年来的发展极为迅猛，让越来越多的设备拥有了感知物理世界的能力，因而广泛应用于智能制造、智慧农业、智慧城市、智慧交通、智慧安防等诸多领域。机器视觉系统与其他自动化设备相结合，可以支撑更大规模的工业自动化应用，包括工业机器人、数控机床、自动化集成设备等。

【任务目标】

① 能够对 2D 相机参数进行设置；
② 能够编写控制程序；
③ 能够正确使用康耐视相机软件；
④ 养成良好的程序设计习惯。

【任务描述】

本任务对要检测区域图像进行模型区域和训练区域的标定与学习，实现相机中出现的图像和实物一致；通过触摸屏对工件进行手动拍照，获取该工件目标区域的 X 坐标、Y 坐标、角度偏差，并显示到人机交互界面上。

2D相机视觉识别技术

【任务资讯】

In-Sight 视觉系统是一款结构小巧并可直接联网的独立视觉系统。该系统适用于工厂车间的自动检测、测量、产品识别以及机器人导航应用程序。该视觉系统的所有型号都可以轻松地通过网络使用直观的用户界面进行远程配置。

8.3.1　康耐视 is2000 相机的认知

(1) 相机构成

is2000 相机如图 8.39 所示。

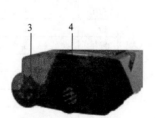

1—相机镜头、白色光源、保护罩；2—相机主体、CPU、状态指示灯；
3—Ethernet 接口、I/O、RS-232；4—24V DC 电源接口；5—手动按键
图 8.39　is2000 相机

(2) 相机状态指示灯和按键

相机状态指示灯和按键说明如表 8.5 所示。

表 8.5 相机状态指示灯和按键说明

指示灯和按键		说明	指示灯和按键		说明
◑	电源指示灯	绿色通电正常	❗	错误指示灯	红色相机出现错误
∿	状态指示灯	黄色相机正常	TRIG	手动触发	手动触发拍照按钮
√X	通过/失败指示灯	绿色通过/红色失败	TUNE	调频按钮	不支持
🖧	通信指示灯	黄色通信正常			

(3) 相机网络接线

以太网电缆用于连接视觉系统和其他的网络设备。以太网电缆可连接一个单独的设备或可通过网络交换机或路由器连接多个设备，如图 8.40 和图 8.41 所示。

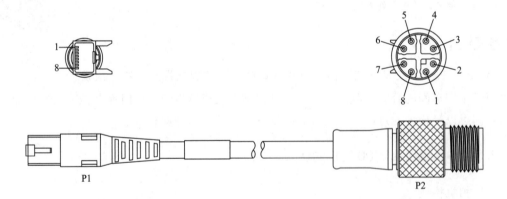

图 8.40 网络连接

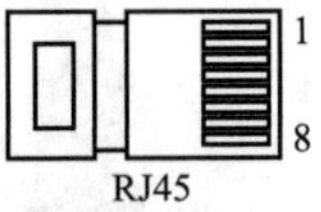

网线	连接器 M12×8P/X型/针		RJ45	网线
橙/白	1		1	橙/白
橙	2		2	橙
绿/白	3		3	绿/白
蓝	8		4	蓝
蓝/白	7		5	蓝/白
绿	4		6	绿
棕/白	5		7	棕/白
棕	6		8	棕

图 8.41 网络连接接线

(4) 相机电源接线

电源和 I/O 分接电缆可提供与外部电源、采集触发器输入、通用输入、高速输出和 RS-232 串行通信之间的连接。电源和 I/O 分接电缆不是封闭的，如图 8.42 所示。

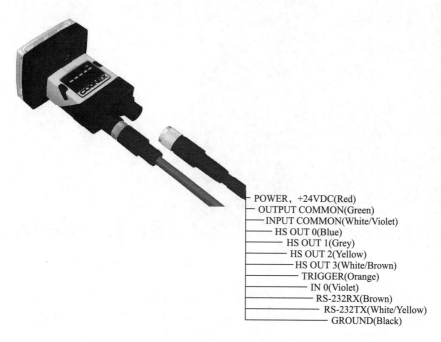

图 8.42　电源连接

(5) 相机焦距调节

不同的相机会有一点差别，旋钮一般在指示灯旁边，调节时不可过分用力，感觉拧不动，说明这个方向到头了，反向可拧，如图 8.43 所示。

图 8.43　相机焦距调节

8.3.2　康耐视相机组态

第一步：打开博途软件，单击"创建新项目"选项，项目名称为"相机控制"，选择保存路径，单击"创建"按钮，如图 8.44 所示。

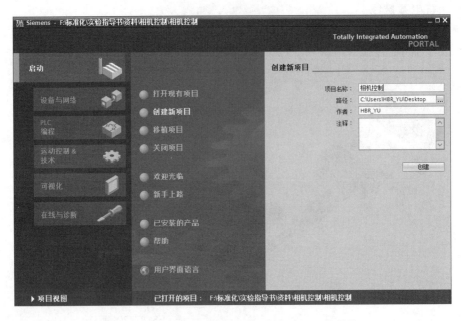

图 8.44　创新西门子 S7-1200 系列 PLC 工程项目

第二步：单击"设备组态"→"添加新设备"选项，选择"控制器"图标、选择 SIMATIC 西门子 S7-1200 系列 PLC、CPU 选择 1215C DC/DC/DC，选中采购号（在西门子 S7-1200 系列 PLC 上可以查看），输入"设备名称"，单击"添加"按钮，等待完成，如图 8.45 所示。

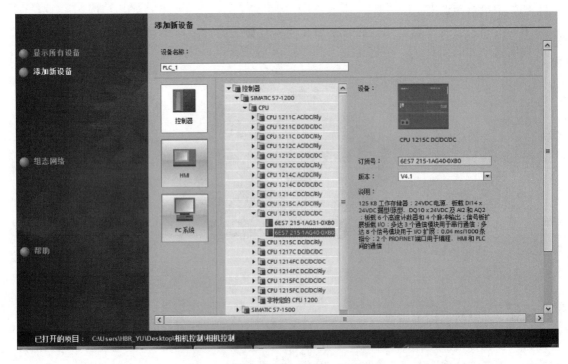

图 8.45　添加西门子 S7-1200 系列 PLC

第三步：设置西门子 S7-1200 系列 PLC 属性，在"设备视图"选项卡下选中添加的西门子 S7-1200 系列 PLC，设置"属性"→"常规"→"PROFINET 接口"→"以太网地址"→"添加新子网"选项，输入"IP 地址"和"子网掩码"，IP 地址要与相机在同一网段内，如图 8.46 所示。

图 8.46　西门子 S7-1200 系列 PLC 属性设置

第四步：在菜单栏单击"选项"→"管理通用站描述文件（GSD）"选项，如图 8.47 所示。

图 8.47　GSD 文件安装 1

第五步：选择保存相机 GSD 文件的路径，勾选需要安装的 GSD 文件，单击"安装"按钮，等待完成，如图 8.48 所示。

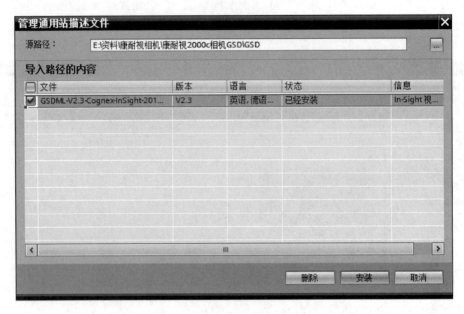

图 8.48　GSD 文件安装 2

第六步：安装完成，如果还要安装其他 GSD 文件，单击"安装其它文件"选项；否则"关闭"当前窗口，双击"设备和网络"图标，打开"网络视图"选项卡，如图 8.49 所示。

图 8.49　网络视图

第七步：单击"硬件目录"→"其它现场设备"→"Sensors"→"Cognex Vision Systems"选项，拖曳"In-Sight IS2×××"到"网络视图"中，如图 8.50 所示。

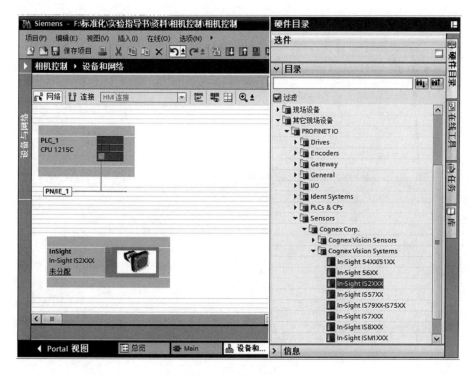

图 8.50　添加相机

第八步：单击"未分配"超级链接，选择"西门子 S7-1200 系列 PLC_1"，表示与西门子 S7-1200 系列 PLC_1 进行 PROFINET 通信，如图 8.51 所示。

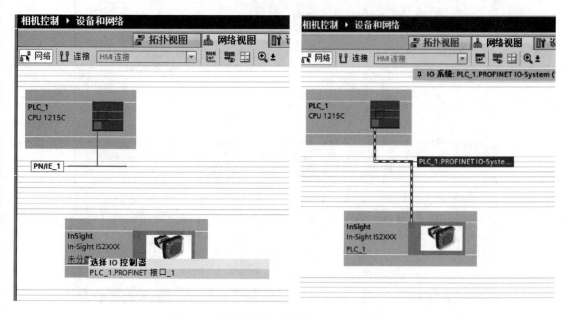

图 8.51　连接相机与西门子 S7-1200 系列 PLC

第九步：设置相机属性，单击"属性"→"常规"选项，输入名称（与相机中配置的 Profinet 站名一致），如图 8.52 所示。

图 8.52　设置相机名称

第十步：设置相机 IP 地址，与相机中设置的 IP 地址一致，如图 8.53 所示。

图 8.53　设置相机 IP 地址

第十一步：双击相机，打开相机"设备视图"选项卡，单击"设备数据"，如图 8.54 所示。

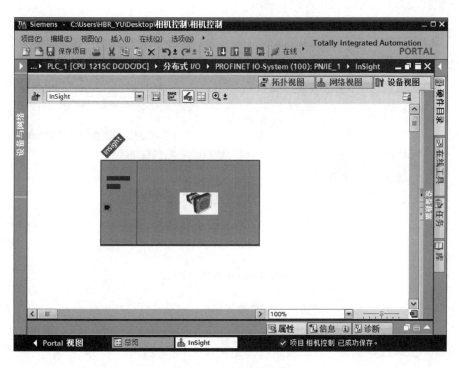

图 8.54　相机识别视图

第十二步：配置相机通信的 I/O 地址，"结果"的大小根据实际传输的数据的多少进行更改，如图 8.55 所示。

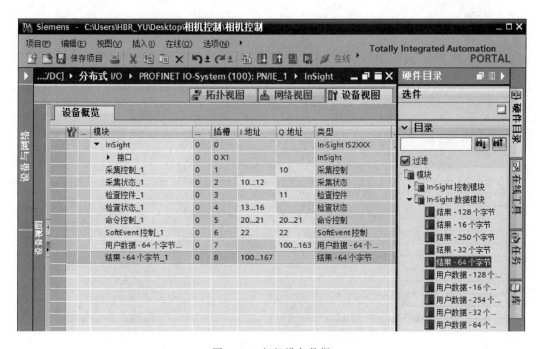

图 8.55　相机设备数据

第十三步：组态下载，在"网络视图"选项卡下，选中西门子 S7-1200 系列 PLC_1，单击"下载到设备"按钮，如图 8.56 所示。

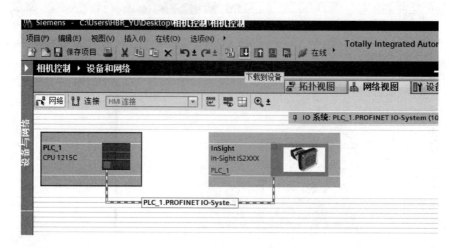

图 8.56 下载到设备

第十四步：打开"拓展的下载到设备"对话框，选择"PG/PC 接口的类型为 PN/IE"，"PG/PC 接口"选择使用的网卡，"接口/子网的连接"选择"PN/IE_1"，勾选"显示所有兼容的设备"复选框，单击"开始搜索"按钮，如图 8.57 所示。

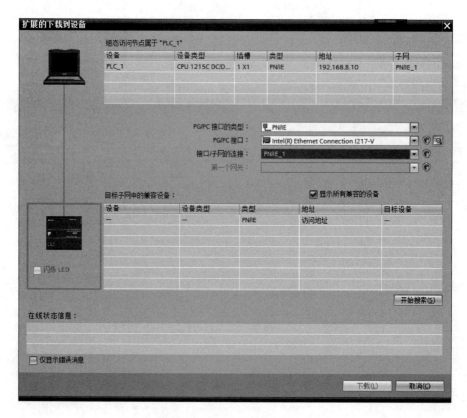

图 8.57 选择 PG/PC 接口

选中搜索的西门子 S7-1200 系列 PLC，单击"下载"按钮。如果有多个西门子 S7-1200 系列 PLC，通过选中"闪烁 LED"复选框来确定西门子 S7-1200 系列 PLC。

8.3.3 通信数据说明

(1) 采集控制

采集控制占用 1 个字节，如表 8.6 所示。

表 8.6 相机采集控制数据说明

控制数据	说明	控制数据	说明
Bit0	相机准备命令	Bit2～Bit6	预留
Bit1	相机拍照触发命令	Bit7	相机脱机命令

(2) 采集状态

采集状态占用 3 个字节，如表 8.7 所示。

表 8.7 相机采集状态数据说明

状态数据	说明	状态数据	说明
Bit0	相机准备完成状态	Bit4～Bit6	相机脱机原因代码
Bit1	相机拍照完成状态	Bit7	相机联机状态
Bit2		Bit8～Bit23	
Bit3			

(3) 结果数据

结果数据最多占用 264 字节，如表 8.8 所示。

表 8.8 相机采集结果数据说明

结果数据	说明
Byte0～Byte1	完成计数
Byte2～Byte3	预留
Byte4～Byte259	相机数据保存地址

8.3.4 相机控制程序

相机拍照控制程序如图 8.58 所示。

相机拍照控制程序过程如下：启动拍照信号，置位相机采集控制字节第 1 位，即相机准备命令。当相机采集状态的第 1 位为 1，则表示相机准备完成，同时置位相机采集控制字节的第 2 位，即相机拍照命令，启动拍照，当相机采集状态的第 2 位为 1，则表示相机拍照完成。同时复位相机采集控制字节的前两位，为下一次拍照做准备。

```
    %DB 1.DBX60.0
    "数据块_1".HMI                                          %Q4.0
      开始拍照                                              "Tag_2"
─────┤ ├──────────────────────────────────────────────────( S )───

      %I4.0                                                %Q4.1
     "Tag_3"                                              "Tag_4"
─────┤ ├──────────────────────────────────────────────────( S )───

      %I4.1                                                %Q4.0
     "Tag_5"                                              "Tag_2"
──┬──┤ ├──────────────────────────────────────────────────( R )───
  │
  │  %DB 1.DBX60.1
  │ "数据块_1".HMI.                                         %Q4.1
  │   拍照复位                                              "Tag_4"
  └──┤ ├──────────────────────────────────────────────────( R )───
```

图 8.58　相机拍照控制程序

【任务实施】

第一步：新建一个文件夹，命名为"2D 相机视觉识别系统"，打开博途软件，创建新项目，项目名称为"2D 相机视觉识别系统"，文件保存在新建立的文件夹中。打开项目视图，添加新设备，PLC 类型选择西门子 S7-1200 系列 PLC，CPU 选择 1215C DC/DC/DC。西门子 S7-1200 系列 PLC "以太网地址"设置为"192.168.0.13"，添加新的连接，启用系统和时钟存储器，勾选"允许来自远程对象的 PUT/GET 通信访问"复选框。

第二步：在"网络视图"中添加相机，在右侧的"硬件目录"中选择"其它现场设备"，找到"In-Sight IS2×××"，将其拖曳至左侧的设备框中，如图 8.59 所示。

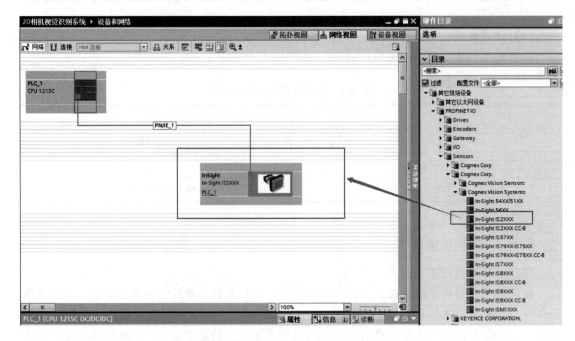

图 8.59　添加 In-Sight IS2×××相机

第三步： 将相机与西门子 S7-1200 系列 PLC 通过 PROFINET 进行组网。双击这个相机，查看设备地址，如图 8.60 所示。

设备概览

模块	机架	插槽	I 地址	Q 地址	类型	订货号
▼ InSight	0	0			In-Sight IS2XXX	IS2000-XXX
▶ 接口	0	0 X1			InSight	
采集控制_1	0	1		2	采集控制	
采集状态_1	0	2	2...4		采集状态	
检查控件_1	0	3		3	检查控件	
检查状态_1	0	4	5...8		检查状态	
命令控制_1	0	5	68...69	68...69	命令控制	
SoftEvent 控制_1	0	6	9	4	SoftEvent 控制	
用户数据 - 64 个字节_1	0	7		70...133	用户数据 - 64 个...	
结果 - 64 个字节_1	0	8	70...137		结果 - 64 个字节	

图 8.60　相机通信数据

从图 8.60 可知，相机采集状态字节为 I2.0～I2.7，其中 I2.0 表示拍照准备完成。I2.1 表示拍照完成。相机采集控制字节为 Q2.0～Q2.7，其中 Q2.0 表示准备拍照控制位，Q2.1 表示启动拍照控制位。拍照结果存放于 I74～I137 地址中。

第四步： 打开 In-Sight 软件，在左侧的 InSight 网络连接相机，触发器类型选择工业以太网。选择合适的相机工具，对检测部件进行测量训练，并设置数据输出格式，如图 8.61 所示。

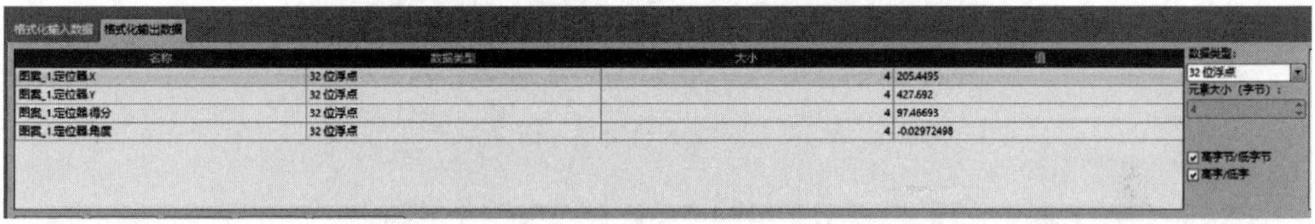

图 8.61　格式化数据输出

设置完成之后保存并运行。

第五步： 编写如图 8.62 所示的 PLC 程序并将其下载至 PLC 中。

第六步： 设计如图 8.63 所示的人机交互界面，用于控制相机拍照及显示检测结果。

在“启动拍照”按钮的“操作属性”中勾选“数据对象值”复选框，“操作类型”为“按 1 松 0”，所关联的西门子 S7-1200 系列 PLC 为 M100.0。“X 位置”标签构件所关联的西门子 S7-1200 系列 PLC 内部的编程元件为 I74，“数据类型”为“32 位浮点数”；“Y 位置”标签构件所关联的西门子 S7-1200 系列 PLC 内部编程元件为 I78，“数据类型”为“32 位浮点数”；“得分”标签构件所关联的西门子 S7-1200 系列 PLC 内部的编程元件为 I82，“数据类型”为“32 位浮点数”；“角度”标签构件所关联的西门子 S7-1200 系列 PLC 内部的编程元件为 I86，“数据类型”为“32 位浮点数”。

第七步： 下载组态工程并进入运行环境，让西门子 S7-1200 系列 PLC“转至在线”，单击“启动拍照”按钮。相机将当前的检测数据发送至西门子 S7-1200 系列 PLC，触摸屏显示的数值与相机软件显示的数值是一致的，如图 8.64 所示。

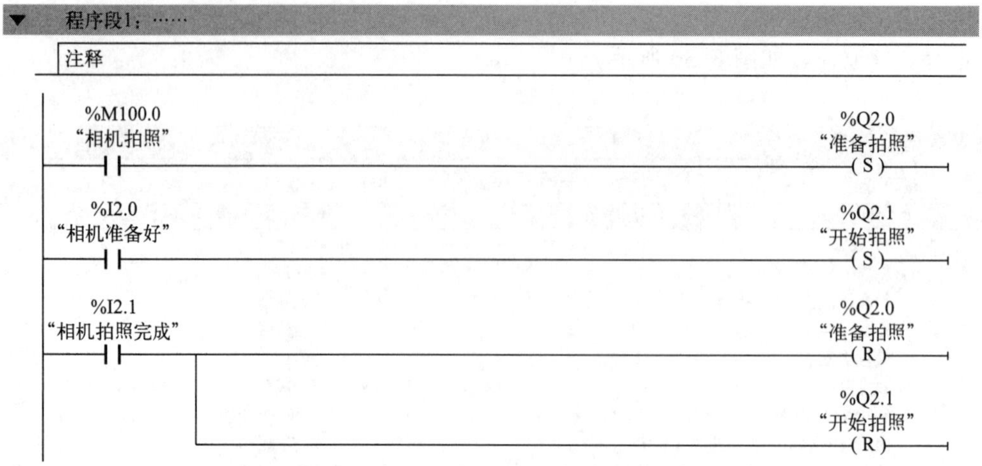

程序段1：……
注释
%M100.0
“相机拍照”
%Q2.0
“准备拍照”
S
%I2.0
“相机准备好”
%Q2.1
“开始拍照”
S
%I2.1
“相机拍照完成”
%Q2.0
“准备拍照”
R
%Q2.1
“开始拍照”
R

图 8.62 西门子 S7-1200 系列 PLC 控制相机拍照程序

X位置
Y位置
启动拍照
得分
角度

图 8.63 人机交互界面

X位置
205.454
Y位置
427.684
启动拍照
得分
97.3987
角度
-0.033222
MCGS

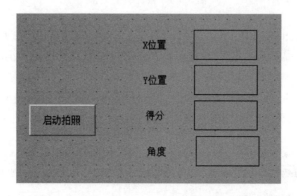

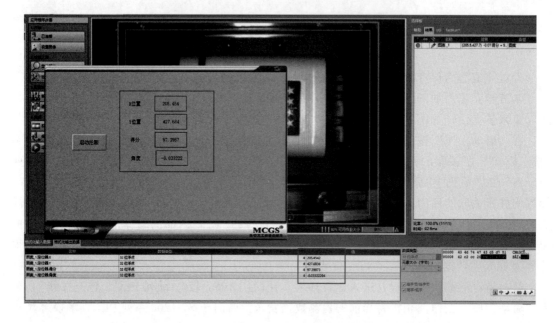

图 8.64 2D 相机检测识别运行效果

【任务评价】

班级：_____　姓名：_____　学号：_____　时间：_____

序号	评价内容	评价要点	分值	得分
1	西门子 S7-1200 系列 PLC 硬件接线	能正确连接相机通信线	10	
2		能正确连接相机电源线	10	
3		能正确连接西门子 S7-1200 系列 PLC 电源	5	
4		能正确连接西门子 S7-1200 系列 PLC 下载线	5	
5	西门子 S7-1200 系列 PLC 程序编写	能创建西门子 S7-1200 系列 PLC 工程	10	
6		能正确组态 2D 相机	10	
7		能正确设置相机参数	10	
8		能正确编写梯形图程序	10	
9		能利用相机软件检测部件	10	
10	调试运行	能用西门子 S7-1200 系列 PLC 对相机进行拍照	10	
11		拍照结果可显示至人机界面	10	
		合计得分		

教师点评	

【课后练习】

班级：_____ 姓名：_____ 学号：_____ 时间：_____

练习题目	设计 PLC 程序及人机界面，利用相机软件中的颜色像素计数工具，可检测红色、黄色、绿色三种颜色，并显示在 HMI 界面上
HMI 人机界面	
PLC 程序	

参考文献

[1] 廖常初. S7-1200 PLC 编程及应用 [M]. 4 版. 北京：机械工业出版社，2021.
[2] 西门子（中国）有限公司. 深入浅出西门子 S7-200 SMART PLC [M]. 2 版. 北京：北京航空航天大学出版社，2018.
[3] 廖常初. 跟我动手学 S7-300/400 PLC [M]. 2 版. 北京：机械工业出版社，2016.
[4] 张永飞，姜秀玲. PLC 程序设计与调试——项目化教程 [M]. 大连：大连理工大学出版社，2013.
[5] 吴繁红. 西门子 S7-1200 PLC 应用技术项目教程 [M]. 2 版. 北京：电子工业出版社，2021.
[6] 郑长山. PLC 应用技术图解项目化教程（西门子 S7-300）[M]. 北京：电子工业出版社，2020.
[7] 吴丽，何瑞. 西门子 S7-300 PLC 基础与应用 [M]. 3 版. 北京：机械工业出版社，2020.
[8] 何用辉. 自动化生产线安装与调试 [M]. 2 版. 北京：机械工业出版社，2022.
[9] 晁阳，胡军，熊伟. 可编程控制器原理应用与实例解析 [M]. 北京：清华大学出版社，2007.
[10] 刘永华. 电气控制与 PLC 应用技术 [M]. 5 版. 北京：北京航空航天大学出版社，2023.
[11] 张军，胡学林. 可编程控制器原理及应用 [M]. 3 版. 北京：电子工业出版社，2019.
[12] 李长久. PLC 原理及应用 [M]. 2 版. 北京：机械工业出版社，2018.